FORSCHUNGSBERICHTE DES LANDES NORDRHEIN-WESTFALEN

Nr. 1867

Herausgegeben im Auftrage des Ministerpräsidenten Heinz Kühn
von Staatssekretär Professor Dr. h. c. Dr. E. h. Leo Brandt

DK 621.831

Prof. Dr.-Ing. Dr. h. c. Herwart Opitz
Dr.-Ing. Josef Timmers
Dr.-Ing. Manfred Bosch
Dipl.-Ing. Johannes Rademacher

Laboratorium für Werkzeugmaschinen und Betriebslehre
der Rhein.-Westf. Hochschule Aachen

Teil I

Möglichkeiten zur Verbesserung des Geräuschverhaltens von Zahnradgetrieben

Teil II

Verschleißuntersuchungen an Zahnradgetrieben

WESTDEUTSCHER VERLAG · KÖLN UND OPLADEN 1967

ISBN 978-3-663-03926-6 ISBN 978-3-663-05115-2 (eBook)
DOI 10.1007/978-3-663-05115-2

Verlags-Nr. 011867

Gesamtherstellung: Westdeutscher Verlag

Inhalt

Teil I

Möglichkeiten zur Verbesserung des Geräuschverhaltens von Zahnradgetrieben

1. Einleitung

Neben die übertragbare mechanische Leistung und eine gleichförmige Drehübertragung tritt in letzter Zeit immer häufiger die Schallerzeugung als Gütekriterium eines Zahnradgetriebes.
Daher werden in zahlreichen Versuchen Möglichkeiten gesucht, das Geräuschverhalten zu verbessern und brauchbare Vergleichsmaßstäbe zu schaffen. Eine Reihe von Empfehlungen zur Beurteilung der Geräuschgüte von Getrieben und Aggregaten wurde in den letzten Jahren ausgesprochen [1, 2, 3]. Wie auch immer eine künftig verbindliche Richtlinie aussehen mag, in jedem Falle wird ein Hersteller zur Erreichung eines bestimmten Garantiewertes Maßnahmen ergreifen müssen, den Geräuschpegel zu senken. Für ihn wäre es daher von großem Nutzen zu wissen, welche der möglichen Anstrengungen im Hinblick auf eine Geräuschminderung besonders erfolgreich und wirtschaftlich sind.
Obwohl es bisher trotz umfangreicher und systematischer Untersuchungen des Geräuschverhaltens von Zahnradgetrieben nicht möglich ist, die Schallerzeugung eines Getriebes von vornherein anzugeben bzw. aus den Konstruktionsunterlagen zu berechnen, soll versucht werden, einige bewährte Möglichkeiten zur Lärmminderung aufzuzeigen.

2. Einflußgrößen auf den Geräuschpegel eines Zahnradgetriebes

Um eine gezielte Lärmbekämpfung vornehmen zu können, müssen die wichtigsten Einflußgrößen auf das Geräusch bekannt sein. Diese erkennt man mit Hilfe der folgenden Modellvorstellung, die in Abb. 1 schematisch festgehalten ist.
Ein Teil der übertragenen mechanischen Leistung wird infolge von Zahneingriffsstörungen als Schwingungsenergie abgezweigt. Diese wird über Radkörper, Wellen und Lager als Körperschall zu den Getriebewandungen geleitet und dort als Luftschall abgestrahlt. Ein Teil der Schwingungsenergie wird zudem als Körperschall in das Fundament geleitet und trägt dann zur Erhöhung des Geräuschpegels bei, wenn er z. B. vom Boden in den Raum gestrahlt wird. Durch den gestörten Zahneingriff wird außerdem im Getriebegehäuse ein Schallfeld aufgebaut, das wegen der ungünstigen raumakustischen Verhältnisse dort eine sehr große Amplitude hat. Über Nebenwege wie ungünstige Getriebeentlüftungen oder schlecht abgedichtete Wellendurchgänge kann dieser Energieanteil nach außen gelangen und unter Umständen erhebliche Pegelerhöhungen mit sich bringen.

Die wichtigsten Einflußgrößen auf den Geräuschpegel eines Zahnradgetriebes sind demnach:

1. die Geräuschanregung im Zahneingriff,
2. die Körperschallübertragung vom Zahneingriff zu den strahlenden Getriebewandungen,
3. das Abstrahlverhalten der Getriebewandungen,
4. das Körperschallverhalten der Getriebeaufstellung
5. Nebenwege.

Die beiden letztgenannten Anteile werden im folgenden nicht weiter behandelt, da sie heute weitgehend beherrscht werden. Wovon die Geräuschanregung, die Körperschallübertragung und das Abstrahlverhalten abhängig sind, ist in Abb. 2 aufgeführt. Außerdem ist in den Kästen angegeben, welche Maßnahmen im Hinblick auf eine Geräuschminderung sinnvoll erscheinen.

2.1 Geräuschanregung

Zwischen dem abgestrahlten Geräusch und der durchgesetzten mechanischen Leistung besteht ein bestimmter Zusammenhang [3]. Die Belastung eines Getriebes wirkt sich vor allem im Zahneingriff aus; Zahneingriffsstörungen sind die Hauptursache des Getriebegeräusches. Die Geräuschanregung ist daher von der übertragenen mechanischen Leistung abhängig. Ein quantitativer Zusammenhang zwischen dem Geräusch und der Belastung wird für Turbogetriebe an Hand der Abb. 3–5 aufgezeigt.
Um einen Zusammenhang zwischen dem Geräusch und der Belastung erkennen zu können, betrachtet man ein Getriebe als einen Wandler, der mechanische in akustische Energie umsetzt. Unter der Annahme, daß das Getriebe als Wandler konstant bleibt, kann zwischen der Eingangs- und Ausgangsgröße eine Beziehung gefunden werden.
Untersuchungen des Geräuschverhaltens von Turbogetrieben ergaben die in Abb. 3 wiedergegebenen Meßwerte. Über der mechanischen Leistung als Eingangsgröße ist die Schalleistung bzw. der Geräuschpegel als Ausgangsgröße aufgetragen.
Wählt man die Schalleistung als Basis einer statistischen Auswertung, so gelangt man zu der Häufigkeitsverteilung rechts im Bild. Würde man diese Verteilung einer Gütebeurteilung zugrundelegen, so entstünde ein falsches Bild, denn offensichtlich nimmt mit steigender Getriebeleistung das Geräusch zu. Es erscheint ohne weiteres möglich, eine Gerade durch die Punkte zu legen. Die Auswertung soll allerdings statistisch vorgenommen werden; es besteht die Aufgabe, durch den Punkthaufen eine Kurve zu legen, zu der die Summe der quadratischen Abweichungen der Punkte ein Minimum hat. Im einfachsten Fall wird als Kurvenform eine Gerade gewählt (Abb. 4). Für den vorliegenden Fall ergibt sich, daß die Streuungen so gering werden, daß eine Rechnung mit einer Kurve höherer Ordnung nicht gerechtfertigt erscheint, wie ein Vergleich der Häufigkeitsverteilungen rechts im Bild veranschaulicht. Die Gleichung der eingezeichneten Geraden gibt die mittlere Beziehung zwischen der mechanischen und akustischen Leistung an. Zu klären bleibt die Frage nach der Sicherheit dieser Aussage.
Die vorher errechnete Gerade ist das Ergebnis einer Stichprobenuntersuchung an 14 Getrieben. Ihre Lage und ihre Steigung kann sich bei einer Vergrößerung der Stichprobe ändern. In Abb. 5 ist die mögliche Änderung angegeben. Mit einer Wahrscheinlichkeit von 68% wird die Gerade bei unendlicher Stichprobenzahl innerhalb des schmalen engschraffierten Doppeltrichters liegen, verlangt man eine Irrtumswahrscheinlichkeit von nur 5%, so gilt der gestrichelt eingezeichnete Doppeltrichter.

Die Kenntnis, daß mit einer Leistungszunahme eine Pegelsteigerung verbunden ist, ist für den Praktiker insofern von Bedeutung, als entsprechende Abmachungen bei Garantieverhandlungen getroffen werden können; eine Möglichkeit zur Herabsetzung des Geräuschpegels durch Verringerung der Leistung besteht aber bei fest vorgegebenen Getriebedaten auf diesem Wege nicht. Für eine Verminderung der Schallabstrahlung können nur solche Maßnahmen in Frage kommen, bei denen die betriebswichtigen Kenndaten unbeeinflußt bleiben. Als solche Einflußgrößen auf die Geräuschanregung sind

1. die Verzahnungsgeometrie,
2. vorhandene Verzahnungsfehler und
3. verformungsbedingte Zahneingriffsstörungen

zu betrachten.

2.1.1 Einfluß der Verzahnungsgeometrie auf den Geräuschpegel

Der Einfluß des Moduls, der Zähnezahl sowie einer Profilverschiebung auf die Geräuschanregung ist noch nicht soweit untersucht, daß grundsätzliche Hinweise möglich sind. Hinsichtlich des subjektiven Geräuscheindruckes sollten allerdings bei schnelllaufenden Getrieben keine großen Zähnezahlen gewählt werden, denn hochfrequente Geräuschanteile können besonders lästig sein. Günstig beeinflußt werden kann das Geräuschverhalten durch Vergrößerung der Zahnbreite, da infolge kleinerer Zahnverformung Störungen des Zahneingriffs weitgehend vermieden werden können.
Zur Erfassung der Relation zwischen Verformung und Geräusch wurden die im folgenden beschriebenen Versuche durchgeführt: Da die Zahnverformung unter Last von der Zahnbreite abhängig ist, wurde diese in einer Versuchsreihe von 70 mm in Stufen von 10 bzw. 5 mm auf schließlich 25 mm verringert und der Schalldruckpegel jeweils in Abhängigkeit von der Belastung ermittelt. Die Versuchsergebnisse sind in Abb. 6 zusammengestellt.
Oben im Bild ist die Gesamtverschiebung der Zahnräder zueinander, die sich zusammensetzt aus der Verformung der Zähne und der Hertzschen Abplattung, unten im Bild der Schalldruckpegel über dem Drehmoment aufgezeichnet, wobei die Radbreite als Parameter dient. Die Verschiebungen wurden nach Weber und Banaschek [4] errechnet. Die Verschiebung steigt linear mit der Belastung und abnehmender Radbreite. Der Schalldruckpegel wächst ebenfalls, und zwar ist der Anstieg bei kleineren Radbreiten steiler als bei größeren. Beim Übergang von einer Radbreite zu einer kleineren steigt der Schalldruckpegel; die Zuwachsrate entspricht etwa dem Wert, der durch Verschiebungszuwachs bei Erhöhung des Drehmomentes erzielt wird. Bei großen Radbreiten ist allerdings infolge der sehr geringen Verschiebung dieser Zusammenhang nicht mehr eindeutig nachweisbar.
Grundsätzlich kann aus dieser Versuchsreihe die Erkenntnis gewonnen werden, daß sich ein schmaleres Radpaar im Hinblick auf die Schallanregung wie ein höher belastetes, breiteres Radpaar verhält.
Um günstiges Geräuschverhalten zu erzielen, sollte ein Getriebe stets so ausgelegt werden, daß der Überdeckungsgrad möglichst groß, in jedem Fall aber über 2 ist, um den fortlaufenden Wechsel von Doppel- und Einzeleingriff zu umgehen. Wie sich für eine bestimmte Belastungsstufe eine Vergrößerung des Überdeckungsgrades auf die Schallerzeugung auswirkt, geht aus Abb. 7 hervor. Zum Beispiel sinkt der Pegel bei einer Ritzeldrehzahl von 1500 U/min von 73 dB auf 68 dB, wenn der Überdeckungsgrad von 1,75 auf 2,88 vergrößert wird; eine Vergrößerung des Überdeckungsgrades von 1,75 auf 4,73 bringt hier eine Pegelsenkung von 9 dB mit sich.

2.1.2 Verzahnungsfehler und Geräusch

Von entscheidendem Einfluß auf die Geräuschanregung sind Flankenform-, Teilungs- und Flankenrichtungsfehler.

2.1.2.1 Flankenformfehler

Die Entstehung von Flankenformfehlern und ihre Auswirkungen auf das Getriebegeräusch wurde ausführlich in einem früheren LAF-Bericht [5] besprochen. Als wichtigstes Ergebnis soll hier festgehalten werden: Es werden hohe Geräuschpegel erzeugt und definierte Teiltöne angeregt, wenn Flankenformfehler periodisch auftreten. Die Frequenz dieser Teiltöne hängt ab von der Anzahl der Fehlerperioden am Umfang eines Zahnrades.

2.1.2.2 Eingriffsteilungsfehler

Eingriffsteilungsfehler können bei Verzahnmaschinen auftreten, die nach dem Einzelteilverfahren arbeiten; trotz vorhandener Teilungsfehler kann die Evolvente fehlerfrei ausgebildet sein.
Bei einer idealen Verzahnung sind im Doppeleingriffsgebiet beide Zahnpaare entsprechend ihrer Steifigkeit an der Kraftübertragung beteiligt. Positive und negative Eingriffsteilungsfehler bewirken eine Veränderung der Lastverteilung auf die an der Kraftübertragung beteiligten Zahnpaare. Ein Eingriffsteilungsfehler wird als positiver Fehler bezeichnet, wenn die Teilung größer, und entsprechend als negativer Fehler, wenn die Teilung kleiner als die Sollteilung ist. Bei einem positiven Eingriffsteilungsfehler kommt zunächst nur ein Zahnpaar zur Anlage. Dieses Zahnpaar muß sich um den Betrag der Fehlergröße verformen, ehe das nachfolgende Zahnpaar in Eingriff kommen kann. Es muß also einen größeren Lastanteil übernehmen. Bei einem negativen Eingriffsteilungsfehler kommt das nachfolgende Zahnpaar zu früh in Eingriff und entlastet das vorhergehende Zahnpaar. Um den Einfluß von Teilungsfehlern auf das Laufverhalten eines Getriebes jedoch richtig beurteilen zu können, müssen die Fehler der gepaarten Teilungen von Rad und Ritzel bekannt sein. Die Differenz der Beträge der Teilungen von Rad und Ritzel bildet den wirksamen Eingriffsfehler. Für die Untersuchung des Einflußes von Eingriffsteilungsfehlern auf das Geräuschverhalten wurden Räder mit definierten Eingriffsteilungsfehlern gefertigt. Die Ergebnisse der Teilungsfehlermessung für zwei Versuchsradpaare gehen aus den Beispielen in Abb. 8 hervor. Die Rechtsflanken beider Radpaare sind ohne definierte Teilungsfehler gefertigt. Die Linksflanken von Radpaar 1 haben einen periodischen Teilungsfehler derart, daß auf eine zu große Teilung zunächst eine maßhaltige folgt, dann eine zu kleine Teilung und wiederum eine maßhaltige. Bei dieser Fehleranordnung ist der Teilungssprung gleich dem Betrag des Teilungsfehlers ($f_u = f_t$). Positive und negative Teilungsfehler wechseln auf den Linksflanken von Radpaar 2 in ununterbrochener Folge miteinander ab. Der Teilungssprung ist hierbei gleich dem doppelten Betrag des Teilungsfehlers ($f_u = 2 f_t$). Durch die entsprechende Paarung fehlerhafter und maßhaltiger Teilungen von Rad und Ritzel entstehen unterschiedliche Paarungsfehler, so daß der Einfluß verschiedener Fehler an einem Radpaar untersucht werden kann. Im folgenden werden die Ergebnisse einiger charakteristischer Fehlerpaarungen wiedergegeben.
Die Abb. 9 gibt die Abhängigkeit des Schalldruckpegels von der Drehzahl bei verschiedenen Fehlerkombinationen wieder. Über dem logarithmisch geteilten Drehzahlmaßstab sind Geraden aufgetragen, die einer Mittelwertbildung aus den gemessenen Geräuschpegeln entstammen. Der Einfluß der periodisch angeordneten Eingriffstei-

lungsfehler auf das Geräusch ist, wie die unterschiedliche Lage der Geraden in den beiden Diagrammen zeigt, von der Fehlergröße und Fehlerverteilung abhängig.
Die Abb. 10–12 geben Frequenzanalysen von Geräuschen wieder, die von Radsätzen mit verschiedenen Paarungsfehlern angeregt wurden. Der Paarungsfehlerverlauf ist rechts oben in den Bildern angegeben. Liegt kein wirksamer Eingriffsteilungsfehler vor (Abb. 10), so wird das Geräusch im wesentlichen durch Töne bestimmt, die mit der Zahneingriffsfrequenz und deren Vielfache auftreten; das gilt für Paarung der Rechts- wie der Linksflanken.
In Abb. 11 sind Analysen von Geräuschen zusammengestellt, die von einem Radsatz mit einem Paarungsfehlerverlauf von $+ 8\,\mu m$; $- 8\,\mu m$; $- 8\,\mu m$; $+ 8\,\mu m$, – oben in der Abb. 11 – bzw. $+ 16\,\mu m$; $0\,\mu m$; $- 16\,\mu m$; $0\,\mu m$ – unten in der Abb. 11 – abgestrahlt wurden. In beiden Fällen entsteht jeweils nach vier Zahneingriffen die gleiche Fehlerkonstellation, bei 24 Zähnen also insgesamt sechsmal je Radumdrehung. Das führt zu einer Modulation des Zahneingriffstones sowie seiner Obertöne mit sechsfacher Drehfrequenz; es erscheinen zu den Zahneingriffstönen Seitenbänder im Abstand von $6 f_n$. Daß diese Modulationserscheinungen nicht bei allen Zahneingriffsbedingten Tönen nachgewiesen sind, kann darauf zurückgeführt werden, daß sich neben den Eingriffsteilungsfehlern andere Verzahnungsfehler auswirken.
In Abb. 12 sind Suchtonanalysen von Geräuschen dargestellt, die von Radsätzen erzeugt wurden, bei denen nach zwei Zahneingriffen, also zwölfmal je Radumdrehung, die gleiche Fehlerkonstellation vorlag. Daraus resultiert eine Modulation der Zahneingriffsfrequenz mit 12facher Drehfrequenz; da die Zähnezahl der Räder 24 beträgt, treten Seitenbänder im Abstand $1/2 f_z$ oder Töne mit der Frequenz $\frac{u}{2} f_z$ ($u = 1, 2, 3 \ldots$) auf.
Teilungsfehler führen also neben Geräuschpegelsteigerungen zu Modulationserscheinungen der Zahneingriffstöne, die bei bewußt angestrebter Fehlerkonstellation eindeutig nachweisbar sind.

2.1.2.3 Flankenrichtungsfehler

Flankenrichtungsfehler haben Kantentragen der Zähne und eine schiefe Lastverteilung entlang der Zahnbreite zur Folge; dadurch wird ein Zahnpaar örtlich stärker verformt als ein gleichmäßig belastetes. Daß mit zunehmender Zahnverformung ein Anwachsen des Geräuschpegels verbunden ist, geht daraus hervor, daß mit einer Verringerung der Zahnbreite unter sonst konstanten Bedingungen eine stärkere Schallerzeugung verbunden ist. Deshalb ist von besonderem Interesse, wie sich ein Zahn bei vorhandenen Flankenrichtungsfehlern verformt. Da sich ein Flankenrichtungsfehler wie ein Achsneigungs- bzw. Achsschränkungsfehler auswirkt, soll die folgende Betrachtung über die Zahnverformung für den allgemeinen Fall eines Achsparallelitätsfehlers angestellt werden.
Für die Geräuschanregung bei Zahnradgetrieben ist die größte an einem Zahn vorliegende Durchbiegung maßgebend. Deshalb ist in dieser Hinsicht nicht die Form der Biegelinie in Flankenrichtung von Bedeutung, sondern die Größe der Zahnverformung. Aus diesem Grunde soll nur die Durchbiegung an der höher belasteten Flankenseite ermittelt werden.
Bei dieser Berechnung wird von parallelen Achsen und Zahnrädern ohne Flankenrichtungsfehler ausgegangen [6]. Da sich infolge von Achsparallelitätsfehlern Kantentragen einstellt, die wirksame Zahnbreite sich also verringert, wird anschließend in einem Näherungsverfahren ein Zusammenhang zwischen wirksamer Zahnbreite und Achsparallelitätsfehler abgeleitet. Wird die wirksame Zahnbreite bei Berücksichtigung der für das Näherungsverfahren verbindlichen Voraussetzungen in die Beziehung für

die Zahnverformung bei gerader Lastverteilung an Stelle der tatsächlichen Radbreite eingesetzt, so ergibt sich die Zahndurchbiegung an der höher belasteten Flankenseite.
Die gesamte Verschiebung des Kraftangriffspunktes in Richtung der Eingriffslinie setzt sich bei parallelen Achsen und Rädern ohne Flankenrichtungsfehler zusammen aus einer Abplattung der Zahnflanken infolge der Hertzschen Pressung und einer Verschiebung infolge der Formänderung des Zahnes mit anschließendem Radkörper durch Biegemoment, Querkraft und Normalkraft. Im folgenden wird zunächst die Formänderung des Zahnes, später dann die Hertzsche Abplattung behandelt.
Die Formänderung eines Zahnes kann nach C. Weber und K. Banaschek berechnet werden (Abb. 13) [4].

$$w = \frac{P_N}{b \cdot E} \cos^2 \alpha' \left\{ 10{,}92 \int_0^{y_p} \frac{(y_p - y)^2}{8\,x^3}\, dy + 3{,}1\,(1 + 0{,}294\, \mathrm{tg}^2\, \alpha') \int_0^{y_p} \frac{dy}{2\,x} \right.$$

$$\left. + 5{,}2\, \frac{y_p^2}{S^2} + \frac{y_p}{S} + 1{,}4\,(1 + 0{,}294\, \mathrm{tg}^2\, \alpha') \right\} \tag{1}$$

Aus der Durchbiegung w ergibt sich die spezifische Nachgiebigkeit q zu:

$$q = \frac{w}{P_N/b} \cdot 10^3 \tag{2}$$

Es bedeuten:

q	=	spez. Nachgiebigkeit	$\frac{\mu m}{kp/mm}$
w	=	Durchbiegung des Zahnes	mm
P_N/b	=	Normalkraft pro Einheit der Zahnbreite	kp/mm
b	=	Zahnbreite	mm
E	=	Elastizitätsmodul	kp/mm²
α'	=	Pressungswinkel	
x, y	=	Achsen des rechtwinkligen Koordinatensystems	
$2\,x$	=	Zahndicke an der Stelle y	mm
y_p	=	Abstand vom Angriffspunkt der Zahnkraft P_N auf der Flankenmittellinie bis zu den Berührungspunkten der 20°-Tangenten an die Fußausrundungen	mm
S	=	Zahndicke in den Berührungspunkten der 20°-Tangenten an die Fußausrundungen	mm

Zur Ermittlung der Durchbiegung eines Zahnes an der höher belasteten Flankenseite ist bei Wirkung von Achsparallelitätsfehlern bzw. Flankenrichtungsfehlern die Kenntnis der Lastverteilung entlang der Zahnbreite bei nicht parallelen Zahnflanken erforderlich. Als Grundlage für ihre Ermittlung dienen die Hertzschen Gleichungen. Diese lauten für zwei Zylinder mit den Radien r_1 und r_2, die sich längs einer gemeinsamen Mantellinie berühren und durch eine gleichförmig über die Länge l verteilte Last gegeneinander gedrückt werden

$$a = \sqrt{\frac{8\,(1 - \nu^2) \cdot r \cdot P}{\pi \cdot E \cdot l}} \tag{3}$$

und

$$p_0 = \sqrt{\frac{P \cdot E}{2 \cdot \pi \cdot r \cdot l \cdot (1 - \nu^2)}} \tag{4}$$

mit

$$\frac{1}{r} = \frac{1}{r_1} + \frac{1}{r_2} \tag{5}$$

Es bedeuten

a	=	halbe Abplattungsbreite	mm
ν	=	Poissonsche Zahl	
r	=	mittlerer Krümmungsradius	mm
$r_{1,2}$	=	Krümmungsradien der Zahnflanken	mm
E	=	Elastizitätsmodul	kp/mm²
l	=	Berührungslänge	mm
P	=	Gesamtanpreßkraft	kp
p_0	=	maximaler Flächendruck	kp/mm²

Die Druckverteilung über der Abplattungsbreite 2a ist ellipsenförmig.
Diese Gleichungen lassen sich auf den speziellen Fall nicht paralleler Zähne anwenden, indem eine differentielle Betrachtungsweise vorgenommen wird.
Die Zähne eines Zahnrades können durch Zylinder ersetzt werden, deren Halbmesser gleich den Krümmungsradien der Zahnflanken an den Berührungsstellen sind. Die Lastverteilung über der Berührungsfläche nicht paralleler Zylinder ist schematisch in Abb. 14 aufgezeichnet.
In differentieller Form lauten die Hertzschen Gleichungen:

$$a = \sqrt{\frac{8\,(1 - \nu^2)\, r \cdot dP_N}{\pi \cdot E \cdot dl}} \tag{6}$$

$$p_0 = \sqrt{\frac{E \cdot dP_N}{2 \cdot \pi \cdot r\,(1 - \nu^2)\, dl}} \tag{7}$$

Die Gesamtkraft (Zahnnormalkraft) kann aus Gleichung (6) ermittelt werden:

$$dP_N = \frac{a^2 \cdot \pi \cdot E \cdot dl}{8\,(1 - \nu^2)\, r} \tag{8}$$

Zur Lösung dieser Gleichung muß ein Zusammenhang zwischen der Berührungslänge l und der halben Abplattungsbreite a gefunden werden. Dieser ergibt sich aus der Form der Berührungsflächen, die für beide Zylinder (Zähne) identisch sein müssen. Nach Hertz ist ihre Begrenzungslinie eine Ellipse. Da sich aber im vorliegenden Falle nur ein Ellipsenstück ergibt und die Zahnflanken in guter Näherung als Zylinderflächen angesehen werden können, wird die Umgrenzungslinie mit hinreichender Genauigkeit einer Parabel folgen.
Eine Parabel ist durch ihren kleinsten Krümmungsradius mathematisch bestimmt. Dieser hängt hier vom Achsparallelitätsfehler ab, der zunächst durch den Hilfswinkel β berücksichtigt wird (Abb. 15). Die Gleichungen der kleinsten Krümmungsradien der Parabeln werden in Abhängigkeit vom Neigungswinkel γ der Berührungsebene aufgestellt. Beide Krümmungsradien müssen wegen der Identität der Berührungsflächen gleich sein. Damit ergibt sich ein Zusammenhang zwischen γ und β und für einen bestimmten Achsparallelitätsfehler die Parabelgleichung der Umgrenzungslinie der Berührungsflächen.
Die kleinsten Parabel-Krümmungsradien lassen sich mit Hilfe der Dandelinschen Kugeln leicht bestimmen (Abb. 16).
Da der Neigungswinkel γ der Berührungsebene und der Winkel β sehr klein sind, kann der Tangens näherungsweise durch den Bogen der Winkel ersetzt werden. Für den Krümmungsradius der parabelförmigen Umgrenzungsfläche am Zahn 1 ergibt sich

$$\varrho = r_2\, \frac{\gamma}{2} \tag{9}$$

Für Zahn 2 gilt

$$\varrho = r_1 \frac{\beta - \gamma}{2} \tag{10}$$

Die allgemeine Form der Umgrenzungslinie der Berührungsflächen lautet:

$$l = k \cdot a^2 \tag{11}$$

Eliminiert man aus Gl. (9) und (10) γ und bestimmt die kleinste Krümmung für die in der Gl. (11) dargestellte Funktion, so erhält man für die Konstante k

$$k = \frac{1}{r \cdot \beta} \tag{12}$$

Führt man diesen Ausdruck in Gl. (11) ein, so lautet die Gleichung der Berührungsflächenumgrenzung

$$l = \frac{a^2}{r \cdot \beta} \tag{13}$$

Löst man Gl. (13) nach a^2 auf und setzt den Wert in Gl. (8) ein, so ergibt sich

$$dP_N = \frac{\beta \cdot \pi \cdot E}{8\,(1 - \nu^2)}\, l\,dl \tag{14}$$

Die Lösung der Gl. (14) liefert den Zusammenhang zwischen der Berührungslänge l_0 zwischen den Zahnflanken und dem Achsparallelitätsfehler. Da sich entlang der Berührungslänge l_0 die Gesamtkraft verteilt und l_0 bei kleinen Achsparallelitätsfehlern theoretisch größer als die Zahnbreite b wird, die Gesamtkraft praktisch aber nur vom Zahn aufgenommen werden kann, sind folgende Fälle bei der Lösung der Gl. (14) zu unterscheiden:

1. $l_0 < b$ und 2. $l_0 > b$

Für $l_0 < b$ ergibt sich

$$P_N = \frac{\beta \cdot \pi \cdot E}{8\,(1 - \nu^2)} \int_0^{l_0} l\,dl \tag{15}$$

Die Lösung dieses Integrals ergibt die Berührungslänge l_0

$$l_0 = 4 \sqrt{\frac{P_N\,(1 - \nu^2)}{\pi \cdot \beta \cdot E}} \tag{16}$$

Führt man an Stelle des Hilfswinkels β das Übermaß $\ddot{U}_{fp}$ * ein, so ist

$$l_0 = 4 \sqrt{\frac{P_N\,(1 - \nu^2)\, b}{\pi \cdot E \cdot \ddot{U}_{fp}}} \tag{17}$$

* Das Übermaß $\ddot{U}_{fp}$ wird ermittelt aus der Beziehung

$$\ddot{U}_{fp} = \ddot{U}_{f'p} \pm \ddot{U}_{f''p}$$

Darin sind:

$\ddot{U}_{f'p}$ = Flankenübermaß infolge eines Achsneigungsfehlers
$\ddot{U}_{f''p}$ = Flankenübermaß infolge eines Achsschränkungsfehlers

$\ddot{U}_{f'p}$ bzw. $U_{f''p}$ berechnen sich unter Bezugnahme auf die Eingriffsebene:

$\ddot{U}_{f'p} = f'p \cdot b \cdot \sin\alpha$
$\ddot{U}_{f''p} = f''p \cdot b \cdot \cos\alpha$
$f'p$ = Achswinkelfehler in der Neigungsebene
$f''p$ = Achswinkelfehler in der Schränkungsebene (Lt. DIN 3960)
b = Zahnbreite
α = Eingriffswinkel

Für $l_0 > b$ erhält man:

$$P_N = \frac{\pi \cdot E \cdot \beta}{8\,(1 - \nu^2)} \int\limits_{(l_0 - b)}^{l_0} l\,dl \tag{18}$$

Durch Integration der Gl. (18) ergibt sich:

$$l_0 = \frac{8 \cdot P_N\,(1 - \nu^2)}{\pi \cdot E \cdot \beta \cdot b} + \frac{b}{2} \tag{19}$$

bzw. nach Einführen von $\ddot{U}_{fp}$

$$l_0 = \frac{8 \cdot P_N\,(1 - \nu^2)}{\pi \cdot E \cdot \ddot{U}_{fp}} + \frac{b}{2} \tag{20}$$

Die Lastverteilung entlang der Zahnflanke auf Grund von Achsparallelitätsfehlern kann Gl. (14) entnommen werden. Da die Abplattungsbreite sehr klein ist, kann angenommen werden, daß der Zahn durch Linienlast beansprucht wird. Bezieht man diese auf die Mittellinie der parabelförmigen Berührungsfläche, so ergibt sich eine dreieckförmige Lastverteilung.

Die Beziehungen (17) und (20) berücksichtigen nicht die durch den exzentrischen Lastangriff bewirkte schiefe Durchbiegung der Zähne. Dadurch wird der Achsparallelitätsfehler reduziert, d. h. die für l_0 berechneten Werte sind zu klein. Die schiefe Durchbiegung des Zahnes ist nicht vernachlässigbar. Es muß daher eine Beziehung zwischen dem reduzierten Achsparallelitätsfehler und der Last gefunden werden. Da eine exakte Lösung nicht möglich ist, wird folgende Näherung gewählt, die auch bei der Bestimmung der maximalen Durchbiegung angewandt wird.

Aus der maximalen Durchbiegung w_{max} und der Berührungslänge l_0 ergibt sich als Näherung aus der Neigung des Zahnes 1 (Abb. 17):

$$\beta_1' = \frac{w_{1\,max}}{l} \tag{21}$$

Der Gegenzahn wird aber auch verdreht, so daß der Achsparallelitätsfehler zusätzlich um $\beta_2' = \frac{w_{2\,max}}{l_0}$ verringert wird. Zur Ermittlung der Anteile β_1' und β_2' müssen $w_{1\,max}$ und $w_{2\,max}$ bekannt sein.

Wenn die spezifische Nachgiebigkeit der Zähne aus den Gl. (1) und (2) ermittelt wird, kann die Verformung w_{max} errechnet werden, indem an Stelle der Zahnbreite die Breite eingesetzt wird, die durch den Achsparallelitätsfehler noch wirksam bleibt. Die durch einen Achsparallelitätsfehler hervorgerufene Verformung an der belasteten Flankenseite würde sich auch ergeben, wenn die Zahnbreite bei gleichförmiger Last entlang der Flanke verringert würde: Deshalb wird die Zahnbreite, bei der sich bei gerader Belastung die Verformung einstellt, die sich bei exzentrischer Belastung eines breiteren Zahnes ergibt, die wirksame Zahnbreite genannt. Zur Bestimmung dieser wirksamen Zahnbreite b' wird die durch einen Achsparallelitätsfehler verursachte dreieckförmige Last auf der Zahnflanke durch eine gleichförmige ersetzt. Der Schwerpunkt des Lastangriffes soll dabei erhalten bleiben. Für die beiden Fälle $l_0 < b$ und $l_0 > b$ ergeben sich dann die in den Abb. 18 und 19 skizzierten Ersatzlastverteilungen.

Unter den angeführten Annahmen ergibt sich für den Fall $l_0 < b$ eine wirksame Zahnbreite

$$b' = \tfrac{2}{3}\,l_0 \tag{22}$$

und für $l_0 > b$
$$b' = \frac{2}{3}\, b\, \frac{3\, l_0 - 2\, b}{2\, l_0 - b} \tag{23}$$

Mit der wirksamen Zahnbereite b' ergibt sich die maximale Verformung zu
$$w_{\max} = \frac{P_N}{b'} \cdot q \tag{2a}$$

Wie später noch gezeigt wird, ergab sich zwischen dem so berechneten $w_{\max}$ und den Meßwerten eine sehr gute Übereinstimmung, weil die nicht berücksichtigte Lastspitze bei C klein ist in bezug auf die Gesamtlast, und der Fehler durch Nichtberücksichtigung dieser Lastspitze teilweise durch Vernachlässigung der Steife der Zahnbreitenanteile $b - b'$ kompensiert wird. Während die Abweichung bei A (Abb. 18–19) also klein sein wird, muß sie bei B erheblich sein.

Setzt man in Gl. (21) Gl. (2a) ein und berücksichtigt Gl. (22) bzw. (23), dann ergibt sich für den Neigungswinkel des Zahnes 1
$$\beta'_{1\, l_0 < b} = \frac{3 \cdot P_N \cdot q_1}{2 \cdot l_0^2} \tag{24a}$$
$$\beta'_{1\, l_0 > b} = \frac{3}{2}\, \frac{P_N \cdot q_1 \cdot (2\, l_0 - b)}{l_0 \cdot b \cdot (3\, l_0 - 2\, b)} \tag{24b}$$

und entsprechend für Zahn 2
$$\beta'_{2\, l_0 < b} = \frac{3 \cdot P_N \cdot q_2}{2 \cdot l_0^2} \tag{24c}$$
$$\beta'_{2\, l_0 > b} = \frac{2}{3}\, \frac{P_N \cdot q_2\, (2\, l_0 - b)}{l_0 \cdot b\, (3\, l_0 - 2\, b)} \tag{24d}$$

Der Gesamtwinkel, um den der Achsparallelitätsfehler verringert wird, ist dann
$$\beta''_{l_0 < b} = \frac{3 \cdot P_N}{2 \cdot l_0^2}\, (q_1 + q_2) \tag{25a}$$
$$\beta''_{l_0 > b} = \frac{3}{2}\, \frac{P_N\, (2\, l_0 - b)}{l_0 \cdot b\, (3\, l_0 - 2\, b)}\, (q_1 + q_2) \tag{25b}$$

Als wirksamer Achsparallelitätsfehler verbleibt noch
$$\beta r_{l_0 < b} = \beta - \beta'' \tag{26a}$$
$$\beta r_{l_0 > b} = \beta - \beta'' \tag{26b}$$

Wird nun an Stelle von β in Gl. (16) bzw. (18) Gl. (26a) bzw. (26b) eingesetzt, dann ergibt sich für eine bestimmte Berührungslänge l_0 ein Übermaß von
$$\ddot{U}_{fp\,(l_0 < b)} = \frac{16 \cdot P_N\, (1 - \nu^2)\, b}{\pi \cdot E \cdot l_0^2} + \frac{3}{2}\, \frac{P_N}{l_0^2} \cdot b\, (q_1 + q_2) \tag{27a}$$
und
$$\ddot{U}_{fp\,(l_0 > b)} = \frac{16\, P_N\, (1 - \nu^2)}{\pi \cdot E \cdot (2\, l_0 - b)} + \frac{3}{2}\, \frac{P_N\, (2\, l_0 - b)}{l_0\, (3\, l_0 - 2\, b)}\, (q_1 + q_2) \tag{27b}$$

Die abgeleiteten Beziehungen sollten einen Weg aufzeigen, die durch Achsparallelitätsfehler sich einstellenden Verformungen abzuschätzen, um so ihre Auswirkungen auf das Geräusch absehen zu können. Ob die vorgenommenen Näherungen – parabelförmige Umgrenzungslinie der Berührungsfläche zwischen den Zahnflanken und Festlegung einer wirksamen Zahnbreite – keine zu großen Fehlerquellen darstellen, soll durch die im folgenden beschriebenen Versuche geklärt werden.

Zur Überprüfung der Berechnung der Zahnverformung wurde die in Abb. 20 dargestellte Vorrichtung konstruiert. Der Einsatz der Vorrichtung setzt voraus, daß am Zahnrad eine Fläche angefräst wird. An die so geschaffene Fläche wird die Vorrichtung 1 (Abb. 20) fest angeschraubt. Die Schraubverbindung wurde so ausgelegt, daß ihre Steifigkeit gegenüber der des Zahnes 2 groß war. Um zu verhindern, daß Versetzungen eintreten können, die zu Fehlern in Flankenrichtung führen würden, wurde die Paßfeder 3 eingebaut. Der Zahn selbst wird im Wälzpunkt C in Richtung der Eingriffslinie über einen Zylinder 4 bzw. Kegel mit definiertem Öffnungswinkel belastet. Die Kraft wird hydraulisch erzeugt und vom Kolben 5 und dem Prisma 6 auf den Zylinder bzw. Kegel übertragen.

Die Führung 8 verhindert ein Verdrehen des Prismas, wodurch der erzeugte Achsparallelitätsfehler teilweise kompensiert würde.

Die Größe der Kraft kann am Manometer 7 abgelesen werden. Die Zahnverformung wurde mit Hilfe von stirnseitig an die Zähne angebrachten Dehnungsmeßstreifen gemessen. Der Zusammenhang zwischen Dehnung und Durchbiegung wurde mit Mikrokatoren festgestellt.

Definierte Achsparallelitätsfehler wurden also mit Hilfe der Kegel 4, deren Öffnungswinkel bekannt war, erzeugt.

Zahndurchbiegungen, die an einem 30 mm und 40 mm breiten Rad gemessen wurden, sind in Abb. 21 mit den Rechenwerten verglichen. Die durchgezogenen Kurven wurden errechnet, die gestrichelten nach Meßwerten gezeichnet. Da bei den Versuchen zur Nachbildung von Achsparallelitätsfehlern gleiche Kegel verwandt wurden, ergaben sich für die verschiedenen Zahnbreiten unterschiedliche Übermaße. Vergleicht man die Ergebnisse für die zwei Zahnbreiten 30 mm und 40 mm, so kann festgestellt werden, daß sich besonders bei großen Achsparallelitätsfehlern, die bei beiden Zahnbreiten durch denselben Kegel erzeugt wurden, die Zähne hinsichtlich der Durchbiegung gleich verhalten, d. h. bei großen Achsparallelitätsfehlern verhalten sich schmale Zähne nahezu wie breite.

Bei schiefer Zahnbelastung besteht nicht mehr wie bei gleichmäßiger Lastverteilung ein linearer Zusammenhang zwischen Verformung und Kraft. Wie aus den Diagrammen zu ersehen ist, ergibt sich für die Verformung mit wachsender Last eine degressive Kennlinie, deren Anstieg sich allmählich dem der Kennlinie bei gerader Belastung nähert und in dem Lastbereich, in dem die Zahnflanken zur vollen Anlage gelangen, sogar geringfügig kleiner wird. Bei weiterer Laststeigerung verläuft sie parallel zur Kennlinie der geraden Belastung. Der Kurvenverlauf zeigt also an, daß die Steifigkeit eines entlang der Zahnflanke nicht gleichmäßig belasteten Zahnes mit der Belastung so lange zunimmt, wie die Berührungslänge l_0 kleiner als die Zahnbreite b ist.

Bei der Berechnung wurde angenommen, daß die Steifigkeit der Belastungsvorrichtung gegenüber der des Zahnes groß ist. Tatsächlich wird aber auch sie geringfügig nachgeben, so daß der wirksame Achsparallelitätsfehler kleiner war als der bei der Rechnung angenommene, so daß deshalb die Meßwerte niedriger liegen.

Die Abweichungen sind aber so gering, daß die durchgeführte näherungsweise Berechnung der Zahndurchbiegung bei ungleichförmiger Lastverteilung entlang der Zahnbreite infolge von Achsparallelitätsfehlern als gut bezeichnet werden darf.

Wie bereits erwähnt, ist die gesamte Verschiebung des Kraftangriffspunktes in Richtung der Eingriffslinie nicht allein von der Formänderung der Zähne abhängig; von nicht zu unterschätzender Bedeutung ist die Abplattung der Zahnflanken infolge der Hertzschen Pressung. Diese errechnet sich für gleichmäßige Belastung entlang der Zahnbreite nach C. Weber und K. Banaschek [4] zu:

$$w_H = \frac{2 \cdot P_N/b \cdot (1 - \nu^2)}{\pi \cdot E} \left(\ln \frac{4\, b_1 \cdot b_2}{a^2} - \frac{\nu}{1 - \nu} \right) \tag{28}$$

mit

$$a^2 = \frac{8\, P_N/b \cdot \varrho_m \, (1 - \nu^2)}{\pi \cdot E} \tag{29}$$

und

$$\frac{1}{\varrho_m} = \left(\frac{1}{\varrho_1} \pm \frac{1}{\varrho_2} \right) \tag{30}$$

Es bedeuten:

w_H = Hertzsche Abplattung in mm
P_N/b = Normalkraft pro Einheit der Zahnbreite in kp/mm
ν = 0,3 = Poissonsche Zahl
E = Elastizitätsmodul in kp/mm²
h_1/h_2 = Abstand von der Berührungsstelle in Richtung der Kraft bis zur Mitte des Zahnes in mm
a = halbe Breite der Druckfläche in mm
ϱ_m = mittlerer Krümmungsradius des Zahnprofils in mm.

In Abb. 22 sind die einzelnen Kenngrößen angegeben. Setzt man an Stelle der Zahnbreite b die wirksame Breite b' ein, so ergibt sich ein Näherungswert für die maximale Abplattung $W_{H\,\mathrm{max}}$. Diese wurden in Abhängigkeit vom Übermaß für verschiedene Belastungen berechnet für ein 20 mm und ein 30 mm breites Zahnrad. Die Ergebnisse sind in Abb. 23 dargestellt.

Im betrachteten Fehlerbereich ergeben sich bei kleinen Zahnnormalkräften (200 kp; 400 kp) Wendepunkte in den Kennlinien, die darauf zurückzuführen sind, daß nach Erreichen eines bestimmten Achsparallelitätsfehlers auch nach weiterer Vergrößerung des Fehlers keine nennenswerte zusätzliche Abplattung mehr erfolgt. Bei höheren Belastungen liegen die Wendepunkte im Bereich größerer Fehler.

Die theoretischen Überlegungen über die Belastungsverhältnisse an einem Zahn bei Wirkung von Achsparallelitätsfehlern führten zu dem Ergebnis, daß eine näherungsweise Berechnung der Verformung möglich ist. Daß diese Verformungen hinsichtlich des Geräusches die gleichen Auswirkungen wie Verformungen durch Belastungsänderung bzw. Radbreitenänderung haben, geht aus den Geräuschuntersuchungen bei definierten Achsparallelitätsfehlern hervor, wie noch gezeigt wird. Die Annahme, daß mit wachsender Verformung der im Eingriff stehenden Zähne eine Geräuschzunahme verbunden ist, resultiert aus folgender Tatsache, die an Hand der Abb. 24 erklärt werden soll.

Infolge der Zahnverformung verkürzt sich die Eingriffsteilung beim treibenden Rad, so daß der nachfolgende Zahn früher zum Eingriff kommt, als nach Auslegung der Verzahnung vorgesehen ist. Dabei schlägt er an den Gegenzahn an und ruft Eingriffsstöße hervor. Beim getriebenen Rad verlängert sich dagegen die Eingriffsteilung, so daß der wirksame Eingriffsteilungsfehler noch größer und die Auswirkung auf das Geräusch stärker werden.

Wie sich Achsparallelitätsfehler bei Zahnrädern der Qualität 4 auswirken, geht aus Abb. 25 hervor.

Über dem Drehmoment wurde oben im Bild die Verschiebung der Räder zueinander bei den Übermaßen $\ddot{U}_{fp}$ = 0 µm, 6 µm und 12 µm, unten im Bild der Schalldruckpegel aufgetragen.

Der Abb. 25 kann entnommen werden, daß mit größer werdendem Achsparallelitätsfehler auch der Schalldruckpegel steigt, und zwar in dem Maße, wie auch die Verformung zunimmt. Bei einem Drehmoment von 10 kpm ergibt sich z. B. bei einem Übermaß von 12 µm ein Pegel von etwa 82 dB und eine Gesamtverschiebung von etwa 7 µm. Dieselbe Verschiebung wird bei parallelen Zahnflanken ($\ddot{U}_{fp}$ = 0 µm) bei etwa 22 kpm erreicht; der Pegel, der sich unter dieser Belastung einstellt, beträgt aber auch etwa 82 dB.

Es ist ferner zu beobachten, daß die Auswirkungen von Achsparallelitätsfehlern auf die Schallabstrahlung bei hohen Belastungen geringer werden. Die vorher diskutierten Ergebnisse über die Auswirkungen auf die Verformung führten zu dem gleichen Ergebnis. Mit zunehmender Belastung wird auf Grund der sich einstellenden schiefen Zahndurchbiegung der Achsparallelitätsfehler teilweise kompensiert, der wirksame Fehler also immer kleiner. Folglich werden Verformungs- und Pegelzunahme geringer. Die hier aufgeführten Zusammenhänge sind so eindeutig nicht mehr nachzuweisen, wenn andere Einflußgrößen, wie Flankenformfehler sich auf die Geräuschanregung auswirken. Das wurde bei Untersuchungen an Rädern festgestellt, die nach den DIN-Verzahnungstoleranzen in Qualitätsstufe 7–8 einzuordnen waren. Wie sich unter diesen Umständen Achsparallelitätsfehler auswirken, geht aus Abb. 26 hervor. Hier wurde als Beispiel in Abhängigkeit vom Achsparallelitätsfehler der mittlere Schalldruckpegel in den Drehzahlbereichen von 1500 min^{-1} bis 1800 min^{-1}, 2100 min^{-1} bis 2400 min^{-1} und 2700 min^{-1} bis 3000 min^{-1} für die Belastungsstufen 5 kpm, 10 kpm und 15 kpm aufgetragen.

Bei relativ geringer Streuung ergeben sich in den einzelnen Bereichen Kurven unterschiedlicher Steigung, die zu größeren Achsparallelitätsfehlern hin progressiv verlaufen. In Drehzahlbereichen, in denen sich eine starke Belastungsabhängigkeit des Pegels bemerkbar macht, wie zwischen 1500 min^{-1} bis 1800 min^{-1} und 2700 min^{-1} bis 3000 min^{-1}, ist festzustellen, daß mit wachsender Belastung der Einfluß des Achsparallelitätsfehlers auf das Geräusch geringer wird; die Kurven bei 15 kpm verlaufen flacher als bei 5 kpm, wie es nach den Überlegungen über Verformung und Geräusch zu erwarten ist.

Im Hinblick auf das Geräuschverhalten wirkt sich also ein Flankenrichtungs- bzw. Achsparallelitätsfehler wie eine Lastvergrößerung bei konstanter Radbreite oder eine Verringerung der Radbreite bei gleichbleibender Last aus.

Als wirksames Mittel gegen eine Geräuschzunahme durch Achsparallelitätsfehler erweisen sich längsballige Zahnflanken, wenn die Balligkeit so gewählt wird, daß kein Kantentragen mehr eintritt. Dadurch ergibt sich zwar bei ideallaufenden richtungsfehlerfreien Rädern eine geringfügige Verschlechterung des Tragbildes, eine Verbesserung aber in jedem Fall bei Achsparallelitätsfehlern. Die Balligkeit darf allerdings nicht so groß gewählt werden, daß der Flankenverschleiß unzulässig hohe Werte erreicht. Die Wirksamkeit längsballiger Zahnflanken im Hinblick auf die Schallerzeugung geht aus Abb. 27 hervor. Bei einem Radpaar mit 8 µm Längsballigkeit haben Achsparallelitätsfehler bis zur gleichen Größenordnung keine nennenswerte Pegelzunahme zur Folge. Auch bei größeren Übermaßen ist die Zunahme geringer als bei nicht längsballigen Zahnflanken. Bei einem Radpaar, dessen Längsballigkeit 16 µm betrug, kann die gleiche Tendenz festgestellt werden, allerdings liegt der Pegel im Bereich kleiner Übermaße höher, bei größeren Übermaßen aber niedriger als bei Rädern mit 8 µm Längsballigkeit. Mit zunehmender Längsballigkeit nimmt also die Empfindlichkeit eines Radpaares gegen Achsparallelitätsfehler ab. Auch die nachteiligen Auswirkungen von Taumelfehlern – als umlaufende Achsparallelitatsfehler zu betrachten – werden durch längsballige Zahnflanken vermindert (obere Kurve in Abb. 27). Durch Überlagerung von Taumel- und Achsparallelitätsfehlern stellt sich aber im untersuchten Bereich nur noch eine geringe Pegelabnahme bei verschiedenen Achsparallelitätsfehlern ein. Wird allerdings das Übermaß so groß, daß trotz längsballiger Zahnflanken Kantentragen eintritt, so ist eine geringe Pegelzunahme festzustellen.

2.1.3 Auswirkung von verformungsbedingten Zahneingriffsstörungen

Verformungsbedingte Zahneingriffsstörungen treten einmal infolge von Wellen-, Lager- und Gehäusedeformationen unter Last, die sich im allgemeinen als Achsparallelitätsfehler niederschlagen, zum anderen durch die Zahndurchbiegung infolge der Kraftübertragung auf.

Der Zusammenhang zwischen Achsparallelitätsfehler und Geräusch wurde ausführlich besprochen und die Wirksamkeit der Längsballigkeit als Gegenmittel herausgestellt.
Eine Möglichkeit, Zahneingriffsstörungen durch die Zahnverformung unter Last zu vermeiden, besteht darin, profilkorrigierte Zahnräder einzusetzen. Die richtige Auslegung der Profilkorrektur erfordert die Kenntnis einiger Grundlagen über die Belastungsverhältnisse im Eingriff stehender Zähne.
Der Zahn eines Rades wird während des Eingriffes einer unterschiedlichen Belastung unterworfen. Der theoretische Verlauf der Zahnkraft über der Eingriffsstrecke bei einer Verzahnung ohne Profilkorrektur und den angegebenen Verzahnungsdaten ist in Abb. 28 im oberen Diagramm mit der durchgezogenen Linie dargestellt. Der Zahnkraftverlauf ist charakterisiert durch seine sprunghaften Veränderungen beim Übergang vom Doppel- zum Einzeleingriffsgebiet und umgekehrt. Ihr Einfluß auf das Laufverhalten eines Zahnradgetriebes wird im Schrifttum ausführlich behandelt [7, 8]. Die sprunghaften Belastungsänderungen sind unerwünscht und sollen daher vermieden werden.
Durch Eingriffsteilungsfehler wird die Aufteilung der zu übertragenden Zahnkraft auf die Zahnpaare im Doppeleingriffsgebiet verändert. Diese Veränderung, die sich nach den in [9] angegebenen Formeln unter Berücksichtigung der Gesamtsteifigkeit der Verzahnung berechnen läßt, ist einerseits abhängig von Vorzeichen und Größe des Eingriffsteilungsfehlers und andererseits von der Belastung des Zahnrades. Die Auswirkung eines Eingriffsteilungsfehlers ist um so größer, je geringer das Zahnrad belastet wird, da der Betrag der Zahnverformung gegenüber der Fehlergröße dann vernachlässigt werden kann. Bei hoher Belastung jedoch kann die Zahnverformung größer als der Fehler sein, so daß die Auswirkung des Fehlers nur sehr gering ist. Die Veränderung des Kraftverlaufes durch Eingriffsteilungsfehler von verschiedener Größe und Vorzeichen bei gegebener Belastung ist im oberen Diagramm von Abb. 28 gestrichelt eingezeichnet.
Von dieser Wirkung des Teilungsfehlers auf den Zahnkraftverlauf wird bei der Ausführung der Profilkorrektur Gebrauch gemacht. Durch eine Profilkorrektur soll ein Zahnkraftverlauf ohne plötzliche Belastungsänderungen erreicht werden. Belastung und Entlastung des Zahnes sollen allmählich erfolgen. Eine mögliche Form eines solchen Kraftverlaufes ist in Abb. 28 strichpunktiert eingetragen.
Die Schnittpunkte der Linie des angestrebten Kraftverlaufes mit den gestrichelten Linien des Kraftverlaufes bei Eingriffsteilungsfehlern geben die über der Zahnhöhe veränderlichen positiven und negativen Korrekturbeträge unmittelbar an. Die Profilkorrektur ist also gleichbedeutend mit einem über der Zahnhöhe veränderlichen Eingriffsteilungsfehler. Ihre Größe und Lage auf der Zahnflanke ergeben sich aus den Steifigkeitsverhältnissen, der Zahnbelastung und den Verzahnungsdaten. Im unteren Diagramm von Abb. 28 sind die im oberen Diagramm abzulesenden Korrekturbeträge für die eingezeichnete Belastung über der Eingriffsstrecke aufgetragen. Die sich aus diesen Korrekturbeträgen ergebenden Zahndickenschwächungen sind nun auf die Doppeleingriffsgebiete der Zähne so anzuordnen, daß die erforderlichen positiven und negativen Eingriffsteilungsfehler entstehen.
In der Literatur werden zwei Ausführungsarten der Profilkorrektur unterschieden. Bei der sogenannten kurzen, evolventischen Profilrücknahme wird nur ein Teil des Doppeleingriffsgebietes mit einer Korrektur versehen, während sich bei der langen, evolventischen die Korrektur über das ganze Doppeleingriffsgebiet erstreckt.
Dem Zahnkraftverlauf entspricht der Verlauf der in Abb. 29 dargestellten Verformung – gemessen in Richtung der Eingriffslinie –, die unter Berücksichtigung der über der Zahnhöhe veränderlichen Zahnsteifigkeit ermittelt wird. Im Bild ist der Verformungsverlauf eines nicht korrigierten Zahnpaares mit dem einer profilkorrigierten Verzahnung verglichen. Die Verformung eines Zahnpaares, die Gesamtverformung w_g, setzt sich

zusammen aus der Verformung w_1 des Ritzels, der Verformung w_2 des Rades und der Verformung w_H infolge Hertzscher Abplattung. In den Verformungsbeträgen w_1 und w_2 ist sowohl der Anteil der Zahnverformung als auch der Anteil der Radkörperverformung enthalten. Man erkennt, daß der sprunghaft veränderliche Verformungsverlauf der nicht korrigierten Verzahnung in den Doppeleingriffsgebieten bei der profilkorrigierten Verzahnung in einen kontinuierlichen Verlauf umgewandelt ist. Insbesondere ist die Verformung am Zahnkopf gleich Null, so daß theoretisch ein Eingriffsstoß vermieden wird.

Sowohl bei dem nicht korrigierten als auch bei dem korrigierten Radpaar ist aber die Verformung innerhalb eines Zahneingriffes unterschiedlich groß. Infolgedessen bleibt das getriebene Rad, bezogen auf das treibende Rad, je nach Eingriffsstellung zurück oder eilt vor. Das Übersetzungsverhältnis ist daher innerhalb eines Zahneingriffes nicht konstant. Dies äußert sich in einem Drehwinkelfehler, der mit Hilfe der Einflankenwälzprüfung unter Last gemessen werden kann.

Für ein Radpaar ohne Profilkorrektur ist der Drehwinkelfehler proportional der aufgebrachten Zahnkraft. Auch für ein profilkorrigiertes Radpaar besteht diese Abhängigkeit, jedoch weist die lange Profilrücknahme hinsichtlich der Größe des Drehwinkelfehlers Vorteile gegenüber der kurzen Korrektur auf. Dies sei an einem Beispiel in Abb. 30 erläutert, in dem der Drehwinkelfehler eines nicht korrigierten Radpaares demjenigen eines Radpaares mit kurzer und eines Radpaares mit langer Profilrücknahme gegenübergestellt ist. Zahnraddaten und Belastung sind in allen Fällen gleich. In der oberen Reihe der Diagramme ist für mehrere Zähne der Kraftverlauf aufgetragen. Aus ihm resultiert die in der mittleren Reihe dargestellte Gesamtverformung. Der Unterschied zwischen der Gesamtverformung im Doppel- und Einzeleingriffsgebiet ergibt bei dem Radpaar ohne Korrektur unmittelbar den im unteren Diagramm gezeigten theoretischen Drehwinkelfehler, der einen nahezu rechteckförmigen Verlauf hat [10]. Auch bei dem Radpaar mit kurzer Profilrücknahme ergibt sich der Drehwinkelfehler unmittelbar aus der Gesamtverformung. Wenn auch der Drehwinkelfehler einen anderen Verlauf über der Eingriffsstrecke aufweist, seine maximale Größe ist dem des unkorrigierten Radpaares gleich. Eine Verringerung des Drehwinkelfehlers läßt sich durch eine kurze Korrektur nicht erreichen. Bei der Verzahnung mit langer Korrektur ist zusätzlich zur Gesamtverformung der sich auf die Drehbewegung auswirkende Korrekturbetrag S_{eff} zu berücksichtigen; der Drehwinkelfehler ergibt sich aus der Überlagerung der Verformung und des sich auf die Drehbewegung auswirkenden Anteils der Korrekturbeträge. An allen Eingriffspunkten sollte die Summe aus Gesamtverformung und Korrektur eine Konstante sein, deren Größe der Gesamtverformung im Einzeleingriffsgebiet entspricht, damit der Drehwinkelfehler möglichst klein wird. Im vorliegenden Falle ist der verbleibende Drehwinkelfehler bei langer evolventischer Korrektur sehr gering, solange die der Verformungsberechnung zugrunde gelegte Belastung vorhanden ist.

Um die Auswirkung einer Profilkorrektur auf das Laufverhalten von Stirnrädern zu untersuchen, wurden Zahnräder mit und ohne Profilkorrektur hergestellt. Aus den geschilderten Gründen wurden nur lange Korrekturen ausgeführt. Die Abmessungen aller Versuchsräder waren gleich. Zur Darstellung des Geräuschverhaltens bei den verschiedenen Belastungsstufen wurde aus 130 Einzelwerten ein arithmetischer Mittelwert gebildet, der das mittlere Geräuschverhalten der Versuchsräder im Prüfdrehzahlbereich von 500 bis 3000 U/min beschreibt.

Die Abb. 31 zeigt die Ergebnisse der Geräuschuntersuchungen von mehreren Radpaaren. Der mittlere Schalldruckpegel ist über der Zahnkraft P_N/b aufgetragen. Die Schalldruckpegel von vier Radpaaren ohne Profilkorrektur, die in einer Kurve zusammen-

gefaßt sind, nehmen kontinuierlich mit der Zahnbelastung zu. Ein weiteres Radpaar wurde mit einer Profilkorrektur versehen, die für eine sehr niedrige Belastung von 3 ... 5 kp/mm ausgelegt war. Bei diesen niedrigen Zahnkräften ist das Geräuschverhalten erheblich besser als das der Radpaare ohne Korrektur. Mit zunehmender Belastung steigen jedoch die Schalldruckpegel stärker an als die der nicht korrigierten Räder, bis schließlich ein Unterschied im Geräuschverhalten nicht mehr feststellbar ist. Die gleiche Tendenz zeigt das für eine Belastung von 6 bis 8 kp/mm korrigierte Radpaar. Im Vergleich mit den Schalldruckpegeln der nicht korrigierten Radpaare ist das abgestrahlte Geräusch bei derjenigen Belastung am geringsten, für die die Korrektur vorgesehen ist. Die Korrektur eines anderen Radpaares ist für eine Belastung von fast 40 kp/mm ausgelegt. So lange die Belastung zu niedrig ist, kommt die Korrektur nicht völlig zur Wirkung. Bei einer Zahnkraft von etwa 17 kp/mm ist die Höhe des abgestrahlten Geräusches dem der Radpaare ohne Korrektur gleich. Bei weiterer Vergrößerung der Zahnbelastung führt die Profilrücknahme zu geringeren Schalldruckpegeln, als sie von den nicht korrigierten Rädern abgestrahlt werden, um schließlich im Bereich von 36 ... 40 kp/mm zu einem optimalen Geräuschverhalten zu gelangen. Innerhalb der Versuchsbedingungen ist eine nennenswerte Pegeländerung nicht mehr festzustellen, sieht man von dem Minimum im genannten Bereich ab.
Die an Versuchsradpaaren gewonnenen Ergebnisse zeigen, welche Verbesserungsmöglichkeiten hinsichtlich des Geräuschverhaltens die Profilkorrektur bieten kann. Da nicht immer die Belastung eines Getriebes bei seinem Entwurf vorausbestimmt werden kann, können durch eine zu hohe oder zu niedrige Belastung die Laufeigenschaften profilkorrigierter Räder beeinträchtigt werden.
Die Vorteile einer Profilkorrektur können besonders da ausgenutzt werden, wo Getriebe mit konstanter Last laufen.

2.2 Körperschallübertragung

Neben der Geräuschanregung kann die Körperschallübertragung den Geräuschpegel erheblich beeinflussen. Sie hängt im wesentlichen von Eigenschwingungen des Getriebestranges und des Gehäuses ab, nicht zuletzt aber auch von der Materialdämpfung und von angewandten Dämmaßnahmen. Im Resonanzfall wird die Schwingungsenergie nahezu verlustlos zu den strahlenden Flächen geleitet. Dabei ist zu bemerken, daß Eigenschwingungen im Getriebestrang nicht nur die Körperschallübertragung günstig beeinflussen, sondern daß sie unter Umständen auch Störungen des Zahneingriffes und damit verstärkte Geräuschanregung bewirken. Das Eigenschwingungsverhalten der Wellen und der Getriebewände wird am wirkungsvollsten durch konstruktive Maßnahmen, z. B. durch Verrippungen oder Versteifungen verändert. Eine direkte Anregung von Eigenschwingungen durch den Zahneingriff sollte in jedem Falle vermieden werden. Anstrengungen, den Körperschallfluß zu beeinträchtigen, sind immer von Vorteil. Zur Herabsetzung der Körperschallfortleitung können die in Abb. 32 prinzipmäßig dargestellten Isolierungsmaßnahmen Verwendung finden. Auf der linken Seite sind in einem Getriebeschema die zweckmäßigen Stellen hervorgehoben, bei denen durch entsprechende Maßnahmen eine Sperrung des Schallenergieflusses erreicht werden kann. Zum Beispiel kann das Zahnrad in Zahnkranz und Nabe geteilt werden. Beide Teile können durch einen Kunststoffring oder durch Kunststoffbolzen, in der Art von Scherstiften eingebaut, verbunden werden. Die zwischengeschalteten Kunststoffelemente verringern auf Grund ihrer hohen Dämpfung den Körperschallfluß. Auch eine Lagerisolierung läßt sich in vielen Fällen mit Kunststoffelementen durchführen.
Es ist allerdings darauf zu achten, daß formstabile Kunststoffe gewählt werden, damit

nicht durch Verschiebungen unter Last der Zahneingriff gestört und die Geräuschanregung verstärkt wird.
Es ist zu bemerken, daß der Einsatz von Kunststoff in der beschriebenen Weise zur Herabsetzung der Körperschallübertragung in den meisten Fällen für Hochleistungsgetriebe ausscheidet, bei Getrieben aber, die nur geringe Leistung übertragen, wie z. B. im Bereich der Feinwerktechnik, durchaus möglich ist.
Außer diesen Körperschallsperrgliedern aus Kunststoff, die die Körperschallfortleitung vom Entstehungsort zu den strahlenden Flächen beeinflussen, kann der Körperschall in den Gehäusewänden gedämpft werden. Man kann die Wände verrippen oder auch mit Körperschallschluckmaterial bespritzen. Das Bespritzen eines Getriebegehäuses mit Schallschluckmaterial hat in den meisten Fällen den Nachteil, daß sich das Getriebe erheblich erwärmt und die zulässige Temperatur überschreiten kann. Verrippungen sind dagegen im allgemeinen möglich. Daß dabei auf einfachem Wege erhebliche Pegelsenkungen erzielt werden können, zeigt das Ergebnis einer Untersuchung an einem mehrstufigen Getriebe einer Schneckenpresse, dessen Schema in Abb. 33 dargestellt ist. Im Bild ist neben dem Getriebeschema über der Schneckendrehzahl der Verlauf der verschiedenen Zahneingriffsfrequenzen aufgezeichnet. Es soll hiermit nur angedeutet werden, daß durch die große Anzahl der im Eingriff stehenden Zahnräder für jede Eigenschwingung in allen Drehzahlbereichen unter Umständen eine direkte Anregung durch einen Zahneingriff vorliegen kann. Es wurde festgestellt, daß der Räderkastendeckel, von dem aus die Wechselräder z_5 und z_6 zugänglich waren, im Bereich um 800 Hz zu Eigenschwingungen angeregt wurde. Der Räderkastendeckel wurde deshalb verrippt. Zusätzlich wurden die Wechselräder mit längsballigen Zahnflanken versehen, um die bei fliegender Lagerung auftretenden lastbedingten Achsversetzungen, die den Zahneingriff nachteilig beeinflussen, zu kompensieren. Das Ergebnis dieser Maßnahmen kann der Abb. 34 entnommen werden. Aufgezeichnet sind für die beiden Drehzahlen 76 und 98 U/min je drei Frequenzanalysen der Geräusche, die im Ausgangszustand, nach der Verrippung des Räderkastendeckels und nach der Verrippung und Einsatz längsballiger Wechselräder abgestrahlt wurde. Man erkennt, daß bei der Drehzahl 76 U/min die Eigenschwingung des Räderkastendeckels durch den Zahneingriff $f_{z\,11-12}$ angeregt wird, dieser Teilton bestimmt das Geräusch. Bei 98 U/min wird der Resonanzbereich durch die Eingriffsfrequenz der Wechselräder angeregt: $f_{u\,5-6}$ bestimmt nun das Geräusch. Nach der Verrippung des Räderkastendeckels erscheint bei beiden Drehzahlen der anregende Teilton mit geringerer Amplitude. Bei 76 U/min sinkt der Schalldruckpegel um 7 dB, bei 98 U/min um 6 dB. Werden längsballig gefertigte Wechselräder eingesetzt, so sinkt bei 98 U/min der Pegel um weitere 5 dB von 91 auf 86 dB. Wie die Frequenzanalyse rechts unten im Bild zeigt, wurde der Zahneingriffsteilton $f_{z\,5-6}$ weiterhin abgebaut, da die Geräuschanregung durch den nunmehr weniger gestörten Wechselräderzahneingriff geringer wurde. Bei 76 U/min verändert sich dagegen der Geräuschpegel nicht, $f_{z\,11-12}$ tritt mit nahezu gleich großer Amplitude auf. Da jeweils nur der Zahneingriffsteilton das Geräusch bestimmte, der im Resonanzbereich des Räderkastendeckels lag, waren hier auch keine weiteren Verbesserungen zu erwarten, denn an den Zahnrädern z_{11} und z_{12} wurden keine Veränderungen vorgenommen. Bei 76 U/min wurde also der Geräuschpegel durch die vorweggenommenen Veränderungen um 7 dB gesenkt, bei 98 U/min um 11 dB. Die Verbesserung des Geräuschverhaltens des Getriebes wurde mit geringem Aufwand erzielt. Eine direkte Anregung von Eigenschwingungen durch den Zahneingriff sollte in jedem Falle vermieden werden. Da allerdings bei einem Getriebegehäuse kaum vorhergesagt werden kann, in welchem Frequenzbereich Eigenschwingungen zu erwarten sind, sollte eine Verrippung aus schalltechnischen Gründen nicht von vornherein angebracht werden; sie sollte für den Fall zurück-

gestellt werden, für den eine Verstimmung eines Gehäuses Verbesserungen erwarten läßt. Rippen sollten stets über Schwingungsbereiche von Knoten zu Knoten gezogen werden.

2.3 Abstrahlverhalten

Eine weitere, jedoch in den meisten Fällen weniger wirksame Möglichkeit, den Geräuschpegel zu senken, besteht darin, das Abstrahlverhalten eines Getriebegehäuses zu verbessern. Die Schallabstrahlung nimmt mit der Strahlerordnung ab (Abb. 35). Die Strahlerordnung liegt fest durch die Anzahl der Schwingungsknoten bzw. -linien, die ein Strahler besitzt. Ein starker Strahler ist z. B. ein Strahler nullter Ordnung, der mit einer atmenden Kugel verglichen werden kann. Ein Strahler nullter Ordnung regt also mit seiner ganzen Oberfläche die umgebende Luft zu Schwingungen an, bei einem Strahler höherer Ordnung dagegen nur die Teile, die selbst schwingen. Die in den Knotenlinien liegenden ruhenden Teile entfallen für die Anregung.
Verrippt man eine Getriebewand und schafft dadurch einen Schwingungsknoten oder eine Knotenlinie, so beeinflußt man nicht allein die Körperschallübertragung, man erhöht auch die Strahlerordnung. Allerdings lassen sich die an einem Kugelstrahler gewonnenen Ergebnisse nicht ohne weiteres auf ein Getriebegehäuse, das einen wesentlich komplexeren Strahler darstellt, übertragen. Von wesentlich größerer praktischer Bedeutung dagegen ist, daß ebene Flächen weit stärker strahlen als gewölbte, daß ferner bei symmetrisch ausgebildeten Wandelementen die Gefahr besteht, daß bestimmte Frequenzanteile bevorzugt abgestrahlt werden.
In dem Beispiel in Abb. 36 wurde der Vorteil gewölbter Schalen hinsichtlich der Geräuschabstrahlung ausgenutzt. Bei einem Schaltgetriebe wurde ein rechteckiges Getriebegehäuse, das ebene Flächen besaß, durch ein zylindrisches ersetzt. Da dadurch keine Änderung der Funktion des Getriebes vorgenommen wurde, konnten an beiden Getriebegehäusen Geräuschuntersuchungen mit derselben Verzahnung durchgeführt werden und der Einfluß des Getriebegehäuses auf die Schallabstrahlung ermittelt werden. Der Vergleich zeigte, daß im Mittel eine Verbesserung von 6 dB durch Einsatz des zylindrischen Gehäuses erzielt werden konnte.
Bei ebenen Membranflächen besteht ferner die Gefahr, daß eine Richtung vorliegt, in die der Schall bevorzugt abgestrahlt wird.
Gerade in jüngster Zeit ist zu beobachten, daß bei dem Bestreben, formschöne Maschinen herzustellen, die Gesichtspunkte, die im Hinblick auf die Geräuschabstrahlung von Bedeutung sind, vollkommen außer acht gelassen werden. Formschöne Maschinen mit großen ebenen Flächen sind heute keine Seltenheit.
Die Untersuchungen über den Einfluß der Körperschallübertragung und des Abstrahlverhaltens eines Getriebegehäuses sind keineswegs als abgeschlossen zu betrachten. Die angeführten Beispiele sollten nur richtungsweisend sein.

3. Wirksamkeit der Maßnahmen

Bei den vorstehenden Betrachtungen wurde außer acht gelassen, welche der diskutierten Einflußgrößen, Geräuschanregung, Körperschallübertragung und Abstrahlverhalten, sich im Geräuschpegel am stärksten niederschlagen. Quantitative Angaben darüber sind bisher leider nicht möglich; qualitativ kann der in Abb. 37 veranschaulichte Zusammenhang angegeben werden. Oben im Bild ist schematisch angedeutet, daß der Geräuschpegel festliegt durch die Geräuschanregung, die Körperschallübertragung und das Abstrahlverhalten.

Unten in der Abbildung ist in der Art eines Nomogrammes der Einfluß dieser Größen auf den Geräuschpegel angegeben. An Hand zweier Beispiele soll dieses Diagramm erläutert werden. Liegt z. B. die durch die ausgezogene Hilfslinie angegebene Geräuschanregung vor, so ergäbe sich bei direkter Abstrahlung der Geräuschpegel, der links entnommen werden kann. Da bei Zahnradgetrieben in der Regel keine direkte Abstrahlung vorliegt, sondern durch die Körperschallübertragung und das Abstrahlverhalten ein Teil der im Zahneingriff abgezweigten Schwingungsenergie in eine andere Energieform umgesetzt wird, ergibt sich ein niedrigerer Geräuschpegel als links angegeben wird. Die durchgezogenen Hilfslinien geben dies zu erkennen. Verringert man die Geräuschanregung, die Körperschallübertragung und die Schallabstrahlung, so liegen die Verhältnisse vor, die durch die gestrichelten Hilfslinien wiedergegeben werden.

Erfahrungsgemäß beeinflußt die Geräuschanregung den Geräuschpegel am stärksten, was durch die steile Kennlinie links in Abb. 37 veranschaulicht sein möge. Eine Verringerung der Körperschallübertragung ist bei starker Geräuschanregung weniger wirksam als bei schwächerer Anregung. Deshalb besitzen die Kurven im mittleren Diagramm bei hohen Geräuschpegeln eine geringere Neigung als bei tieferen. Ein ähnlicher Zusammenhang kann für das Abstrahlverhalten angegeben werden. Allerdings muß darauf hingewiesen werden, daß bei gleichem Aufwand Maßnahmen, die auf eine Verbesserung des Abstrahlverhaltens hinzielen, meistens weniger wirksam sind als solche, die die Körperschallübertragung verringern. Für die Kurven im rechten Diagramm wurden daher geringere Neigungen gewählt.

4. Zusammenfassung

Als wichtige Einflußgrößen auf den Geräuschpegel von Zahnradgetrieben konnten die Geräuschanregung im Zahneingriff, die Körperschallübertragung vom Zahneingriff zu den strahlenden Flächen und das Abstrahlverhalten des Getriebegehäuses angegeben werden. Die Geräuschanregung hängt in erster Linie ab von der Verzahnungsgeometrie, von Verzahnungsfehlern und von lastbedingten Verformungen, die sich auf den Zahneingriff negativ auswirken.

Das Eigenschwingungsverhalten eines Getriebes, die Materialdämpfung und die vorgenommenen Dämmaßnahmen bestimmen die Körperschallübertragung.

Ein symmetrischer Aufbau der Getriebewandungen und ebene Membranflächen sind hinsichtlich des Geräusches ungünstiger als regellose und gewölbte Konstruktionen. Im Hinblick auf eine sinnvolle, aktive Lärmbekämpfung seien folgende Hinweise gegeben:

1. Durch Verringerung der Geräuschanregung werden die größten Pegelsenkungen erzielt.
2. Eine Herabsetzung der Körperschallübertragung ist im allgemeinen wirksamer als eine Verbesserung des Abstrahlverhaltens.
3. Mit wachsender Geräuschanregung nimmt die Wirksamkeit der Maßnahmen ab, die auf eine Verringerung der Körperschallübertragung und Schallabstrahlung ausgerichtet sind.

Literaturverzeichnis

[1] ÖAL-Industrie Richtlinie Nr. 110, 1. Ausgabe November 1963.

[2] Gewährleistungsbedingungen für lärmarme Maschinen und Anlagen, Richtlinie SEB 905003–63, 1. Ausgabe Mai 1963.

[3] Opitz, H., Serienuntersuchungen des Geräuschverhaltens moderner Hochlastgetriebe, Ind.-Anz. Nr. 96, 30. Nov. 1965.

[4] Weber, C., und K. Banaschek, Formänderung und Profilrücknahme bei gerad- und schrägverzahnten Rädern. Schriftenreihe Antriebstechnik, Heft 11, Verlag Friedr. Vieweg & Sohn, Braunschweig 1955.

[5] Opitz, H., de Jong, H., Einfluß der Wälzgenauigkeit von Verzahnmaschinen auf die Fertigungsgenauigkeit und das Laufverhalten von Stirnrädern. Forschungsbericht des Landes Nordrhein-Westfalen Nr. 1304 (1964).

[6] Timmers, J., Einfluß fertigungstechnisch- und lastbedingter Achsversetzungen in Stirnradgetrieben auf die Zahnverformung. Ind.-Anz. 87 (1965), Nr. 75, und 87 (1965), Nr. 92.

[7] Lehnert, O., Qualitative Bestimmung von Verzahnungsfehlern durch Messen der Zahnverformung im Eingriff und unter Betriebslast. ZVDI 96, Nr. 8.

[8] Toppe, A., Untersuchungen über die Geräuschanregung an Zahnradgetrieben. Ind. Anz. 87 (1965), Nr. 25.

[9] Kalkert, W., Untersuchungen über den Einfluß der Fertigungsgenauigkeit auf den Zahnkraftverlauf und die Flankentragfähigkeit ungehärteter Stirnräder. Ind.-Anz. 85 (1963), Nr. 11, 19 und 28.

[10] Bollinger, I. G., und M. Bosch, Ursachen und Auswirkung dynamischer Zahnkräfte in Stirnradgetrieben. Ind. Anz. 86 (1964), Nr. 19.

Abbildungen

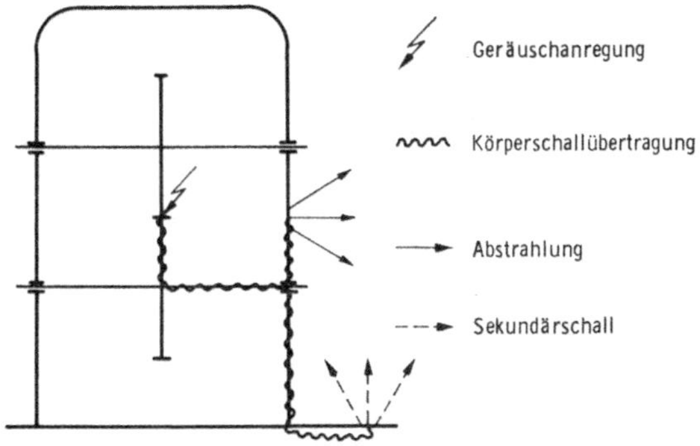

Abb. 1 Körperschallübertragung und Schallabstrahlung bei einem Getriebe

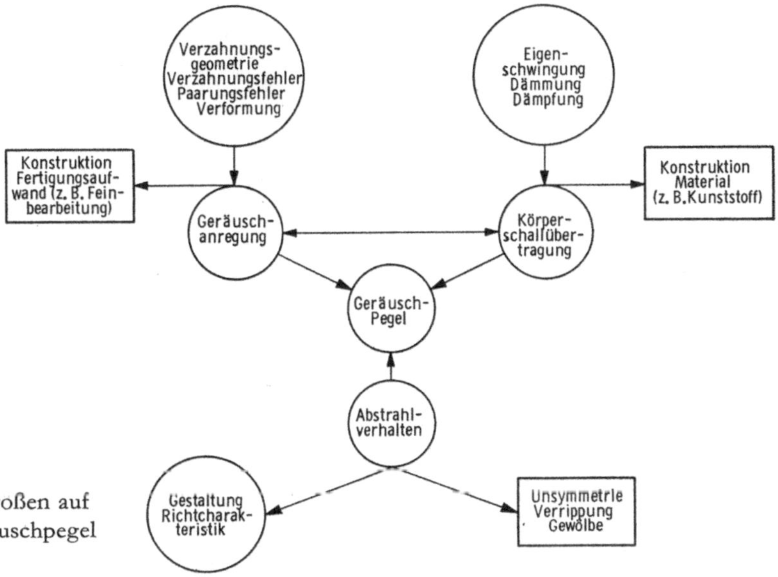

Abb. 2 Einflußgrößen auf den Geräuschpegel

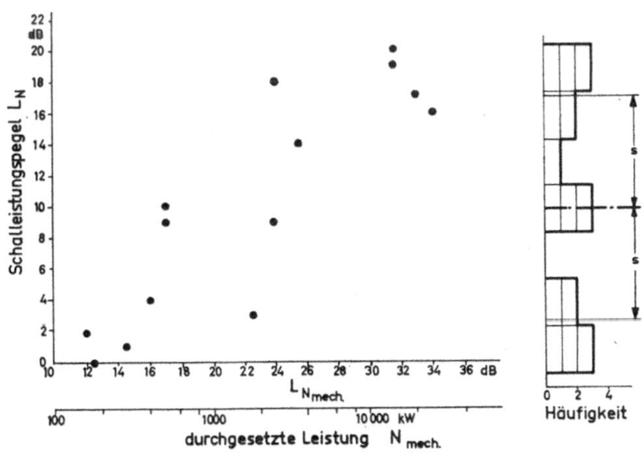

Abb. 3 Schalleistung — mechanische Leistung (Turbogetriebe)

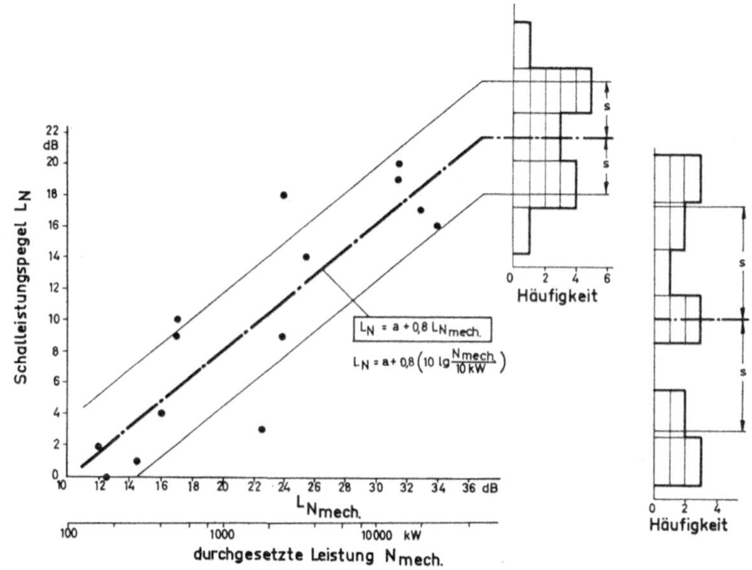

Abb. 4 Einfachregression — Turbogetriebe (Streuungsverengung)

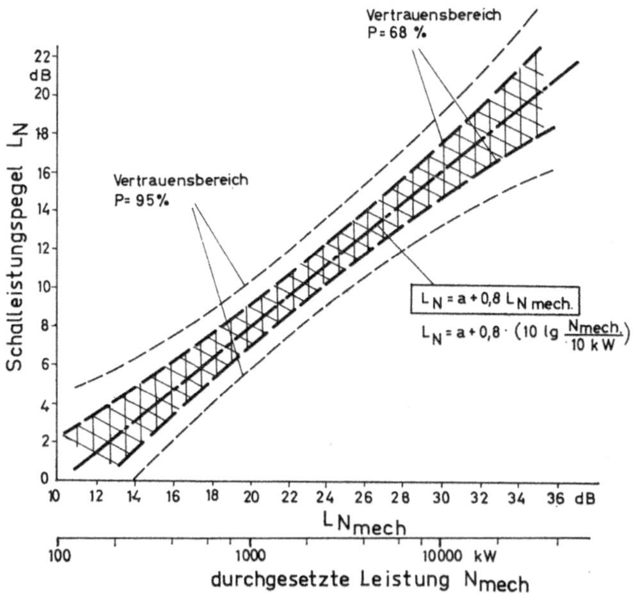

Abb. 5 Einfachregression – Turbogetriebe (Vertrauensbereich)

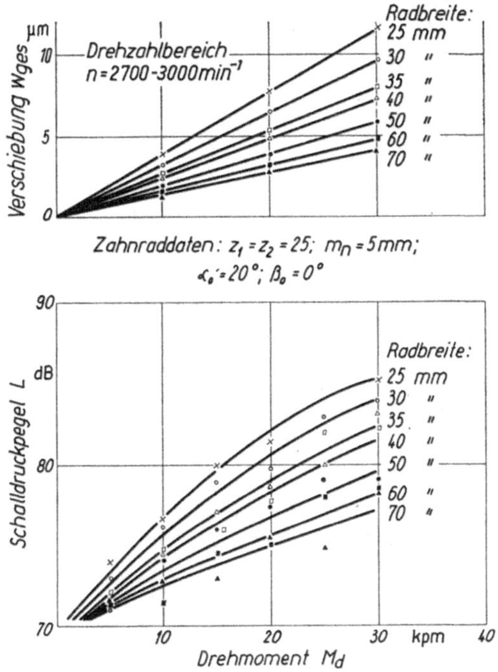

Abb. 6 Abhängigkeit des Geräusches und der Zahnverschiebung von der Zahnbreite

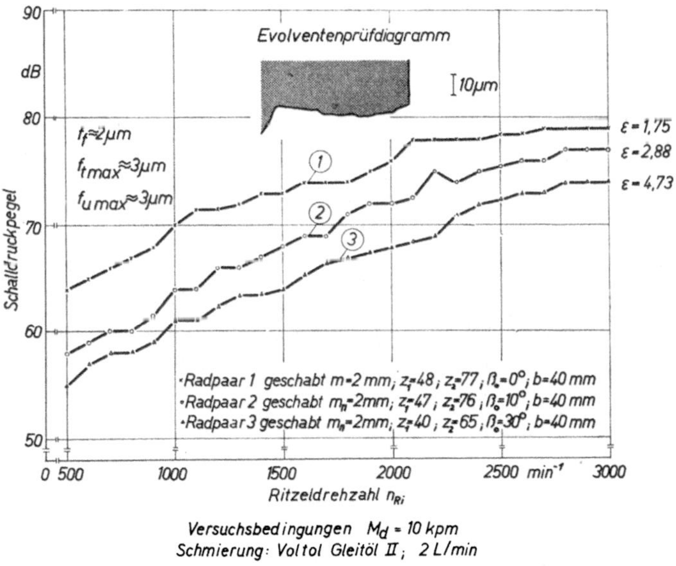

Abb. 7 Abhängigkeit des Geräusches vom Überdeckungsgrad

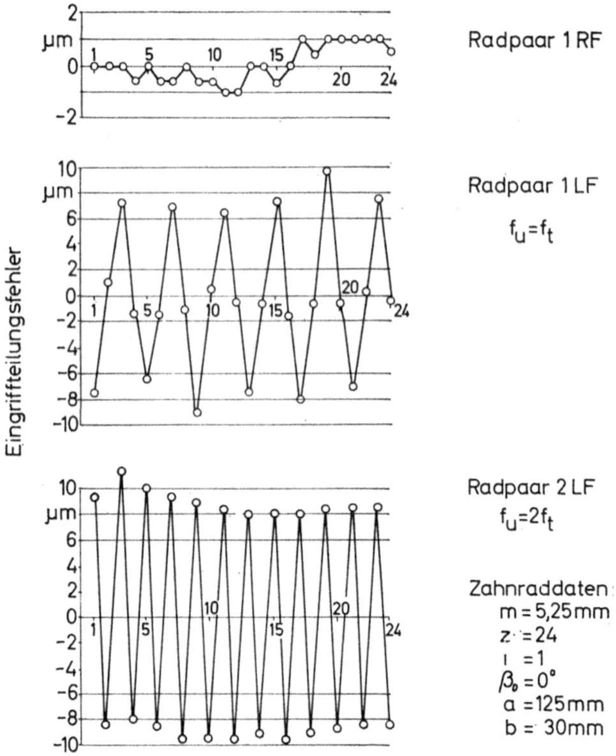

Abb. 8 Teilungsfehler der Versuchsräder

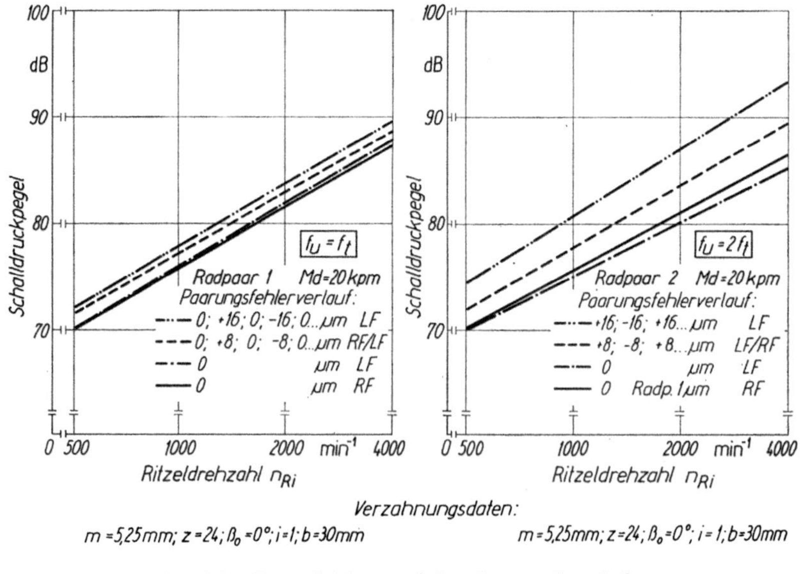

Abb. 9 Einfluß von Eingriffsteilungsfehlern auf das Geräuschverhalten

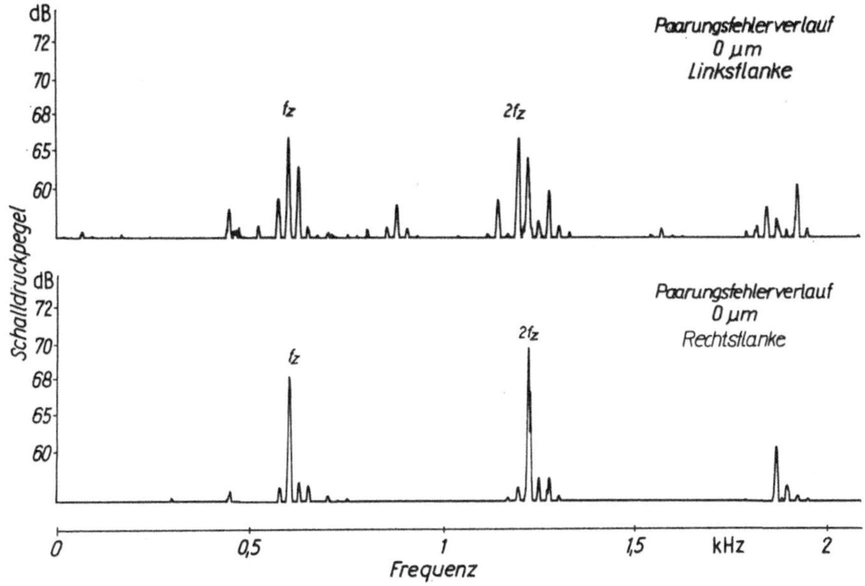

Abb. 10 Geräuschspektren bei angenähert fehlerfreier Verzahnung

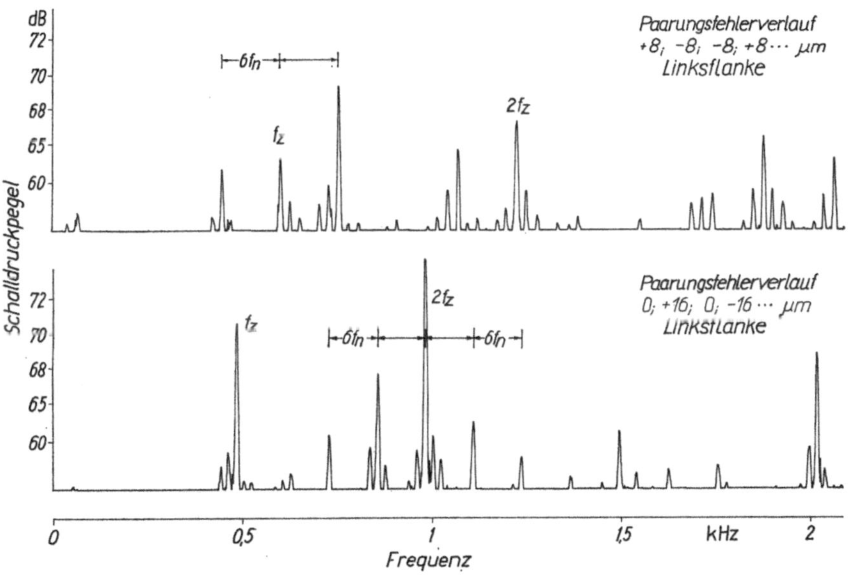

Abb. 11 Modulation der Zahneingriffsfrequenz durch Eingriffsteilungsfehler

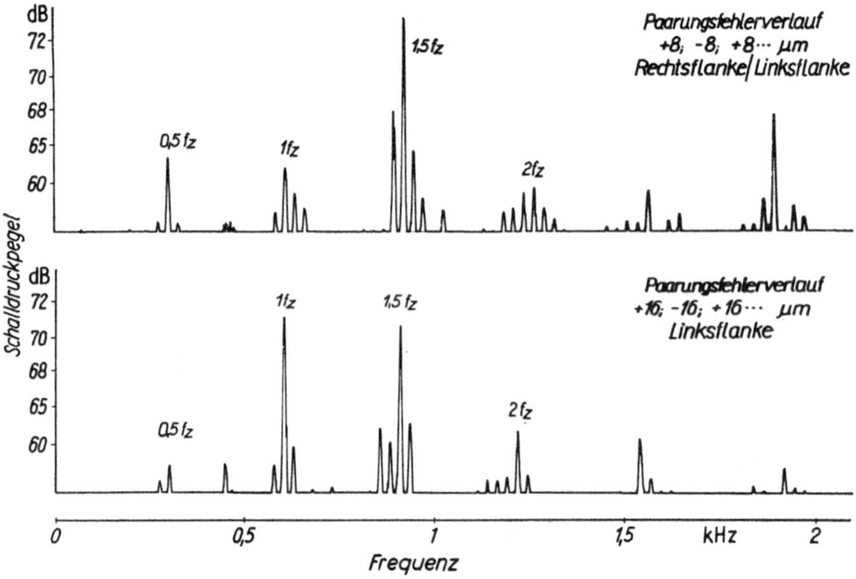

Abb. 12 Modulation der Zahneingriffsfrequenz durch Eingriffsteilungsfehler

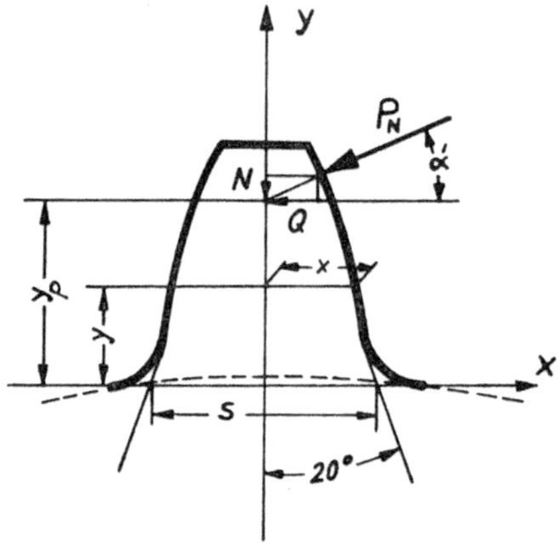

Abb. 13 Elastische Formänderung der Zähne nach WEBER und BANASCHEK

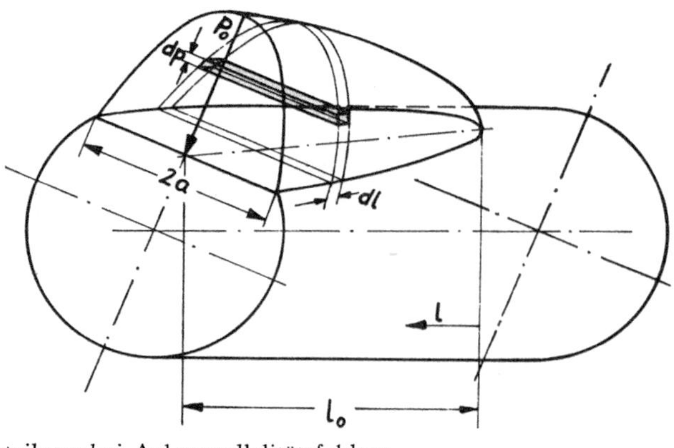

Abb. 14 Lastverteilung bei Achsparallelitätsfehlern

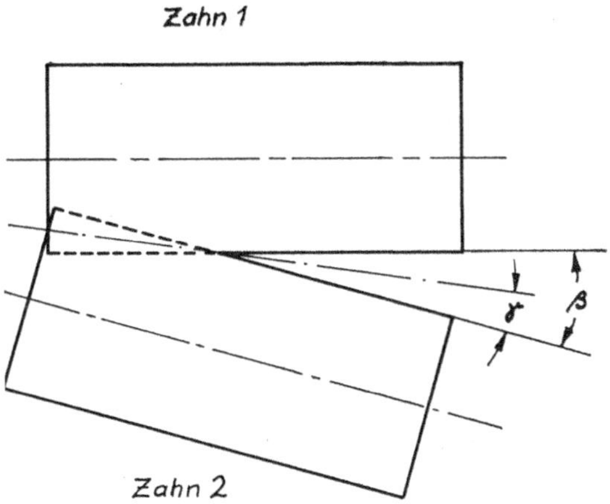

Abb. 15 Abplattung zweier nicht gleichmäßig belasteter Zähne

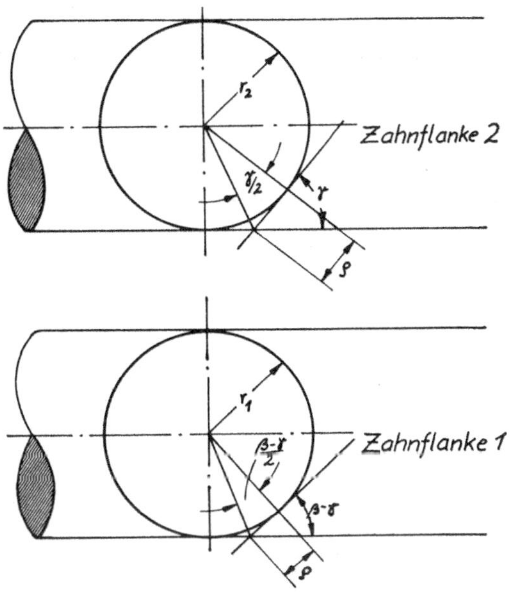

Abb. 16 DANDELINsche Kugeln zur Ermittlung der Umgrenzungslinie der Berührungsflächen zweier nicht gleichmäßig belasteter Zahnflanken

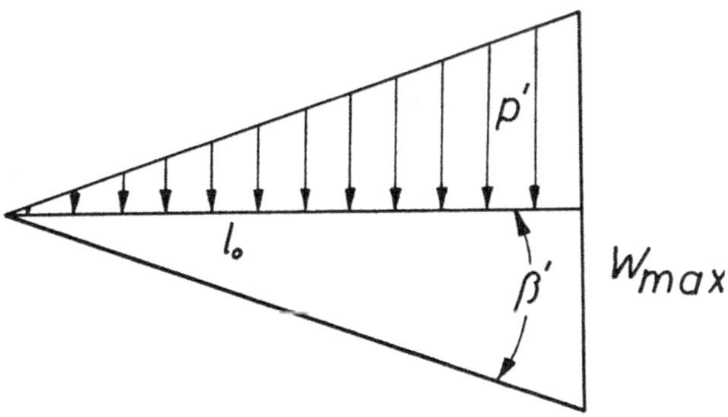

Abb. 17 Reduzierung der Achsparallelitätsfehler unter Last infolge schiefer Zahndurchbiegung

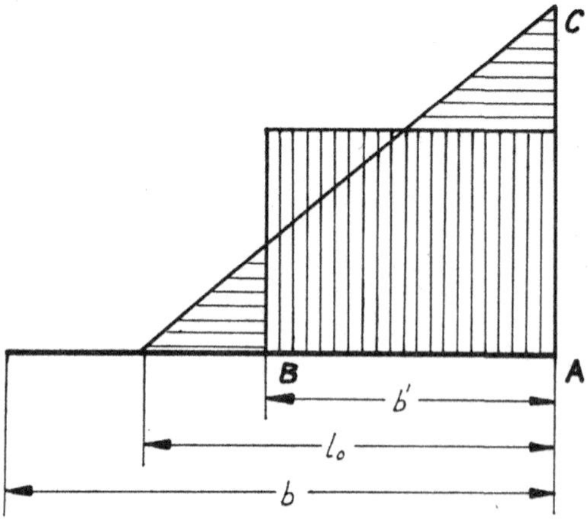

Abb. 18
Lastverteilung bei nicht parallelen Zahnflanken ($l_0 < b$)

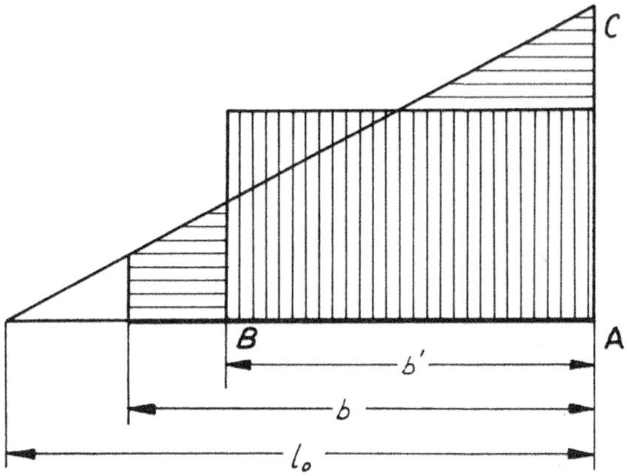

Abb. 19
Lastverteilung bei nicht parallelen Zahnflanken ($l_0 > b$)

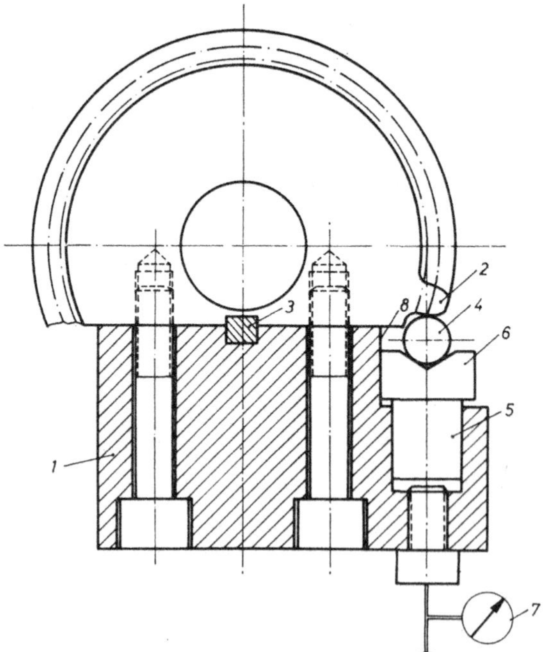

Abb. 20
Vorrichtung zur Messung der Zahnverformung

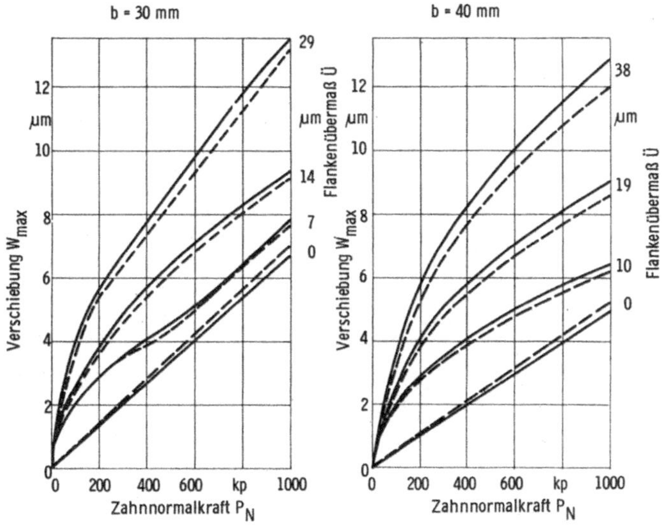

Abb. 21 Vergleich zwischen rechnerisch ermittelter und gemessener Zahnverformung

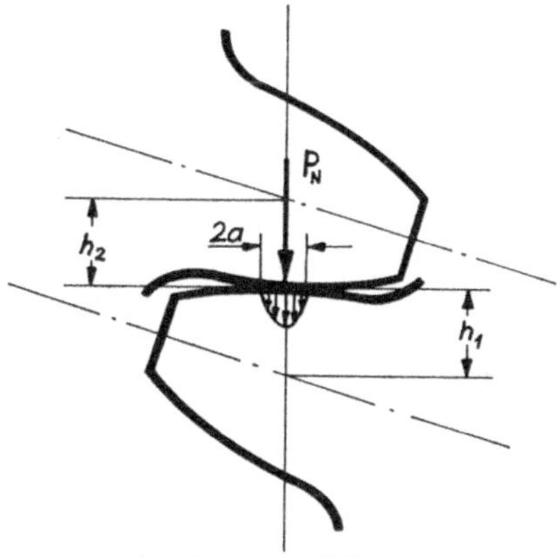

Abb. 22 Hertzsche Abplattung nach WEBER und BANASCHEK

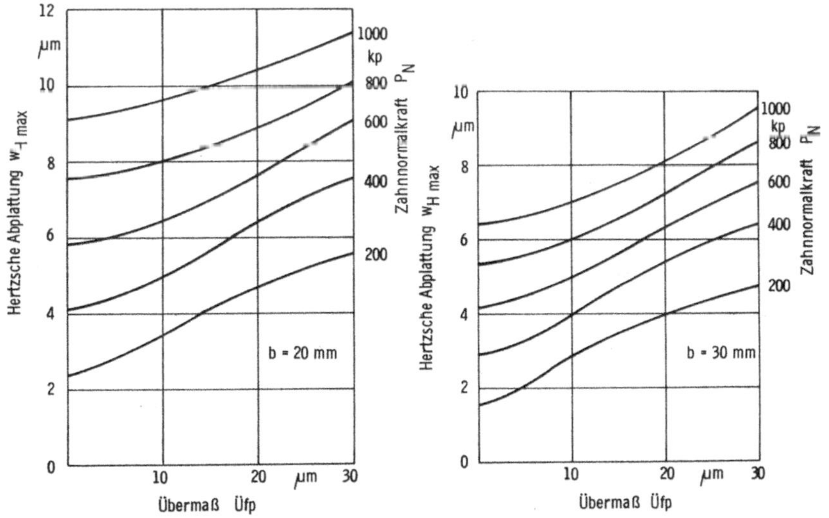

Abb. 23 Hertzsche Abplattung (Zahnraddaten: $z_1 = z_2 = 25$, $m = 5$ mm, $\beta_0 = 0^0$)

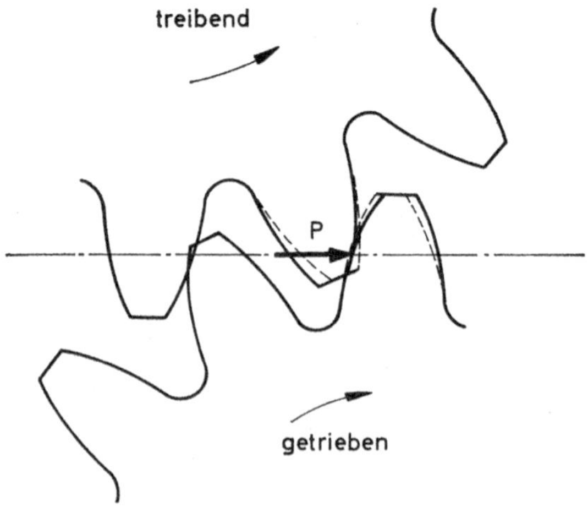

Abb. 24 Eingriffsstöße durch Zahnverformung

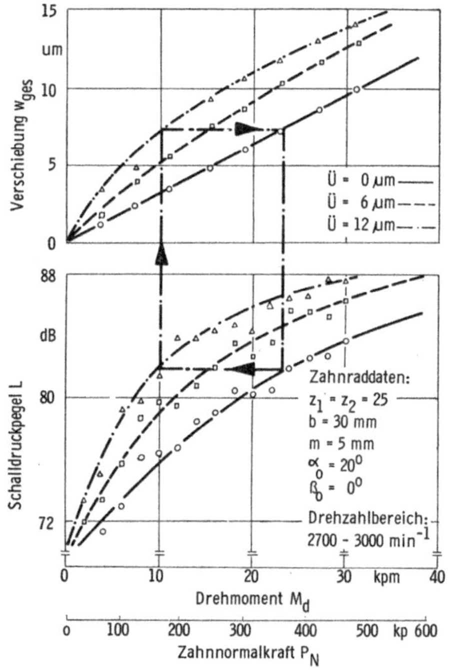

Abb. 25 Achsparallelitätsfehler und Geräusch

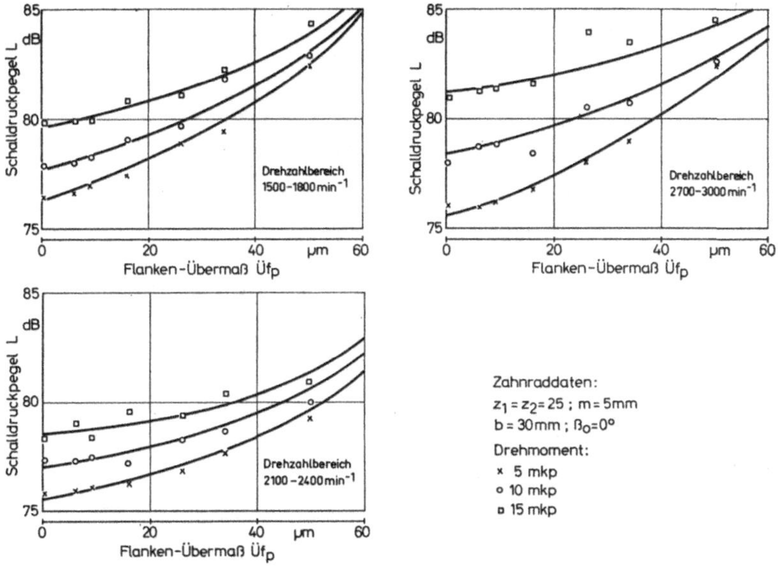

Abb. 26 Schalldruckpegel in Abhängigkeit vom Flankenübermaß

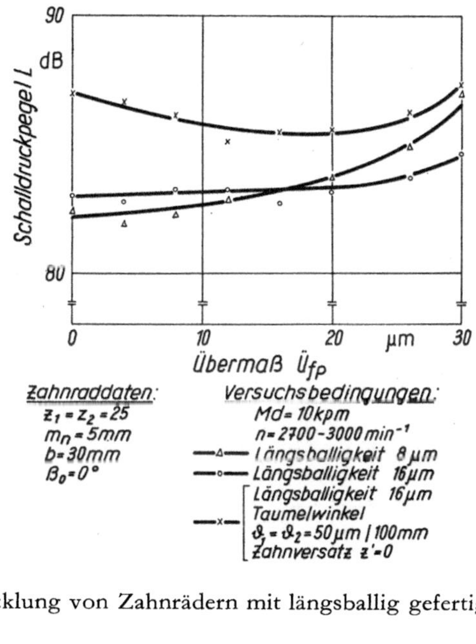

Abb. 27 Geräuschentwicklung von Zahnrädern mit längsballig gefertigten Zahnflanken

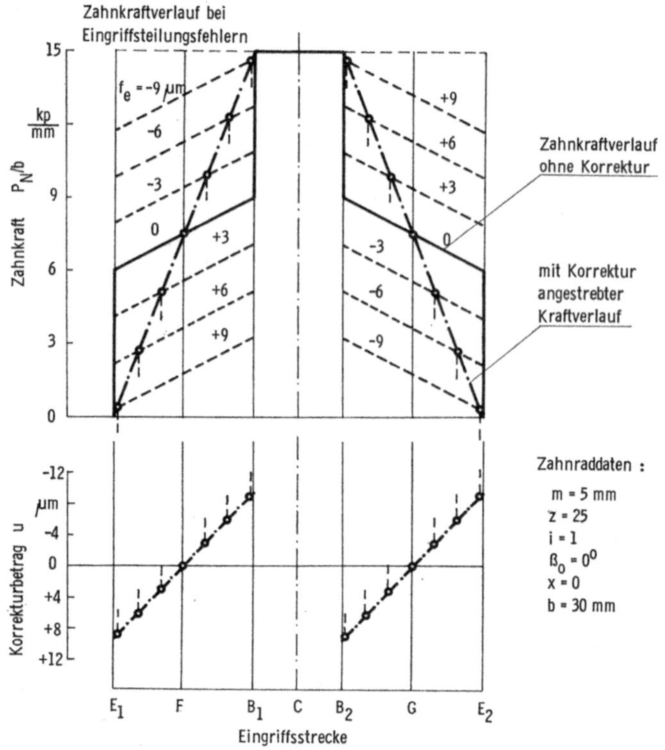

Abb. 28 Ermittlung der Profilkorrekturbeträge aus dem Zahnkraftverlauf

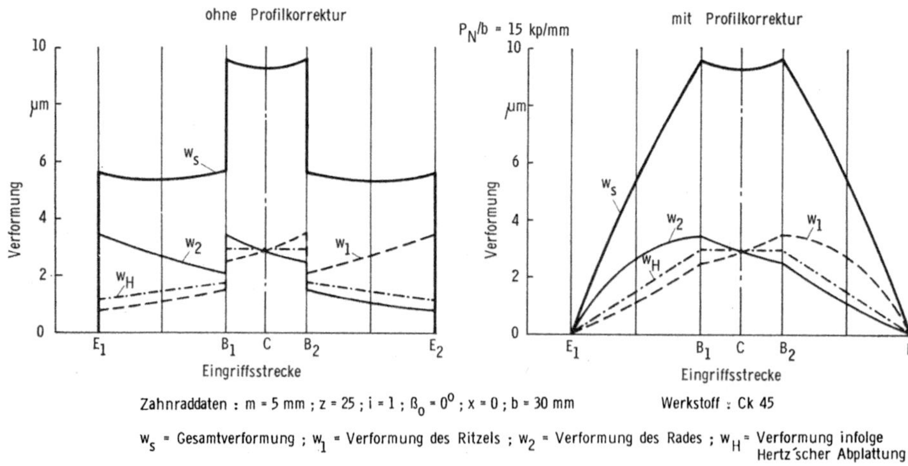

Abb. 29 Verformung einer Verzahnung mit und ohne Profilkorrektur unter Last P_N/b = 15 kp/mm (Zahnraddaten: $m = 5$ mm, $z_1 = z_2 = 25$, $\beta_0 = 0^0$, $b = 30$ mm)

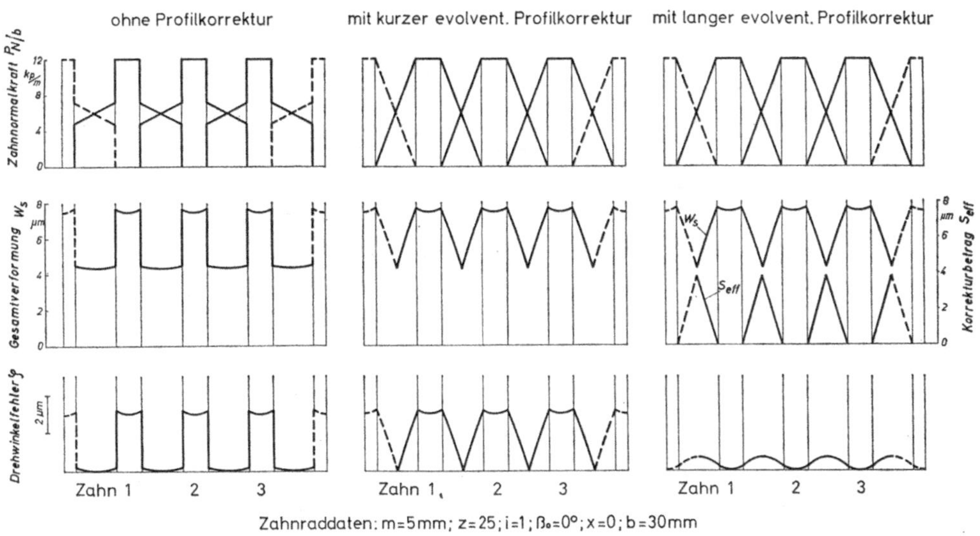

Abb. 30 Einfluß der Profilkorrektur auf den Drehwinkelfehler

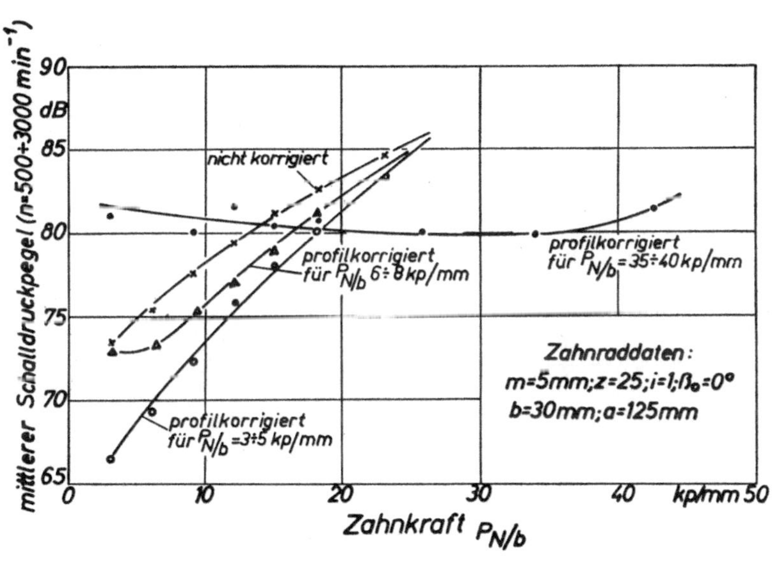

Abb. 31 Geräuschverhalten unterschiedlich profilkorrigierter Zahnräder

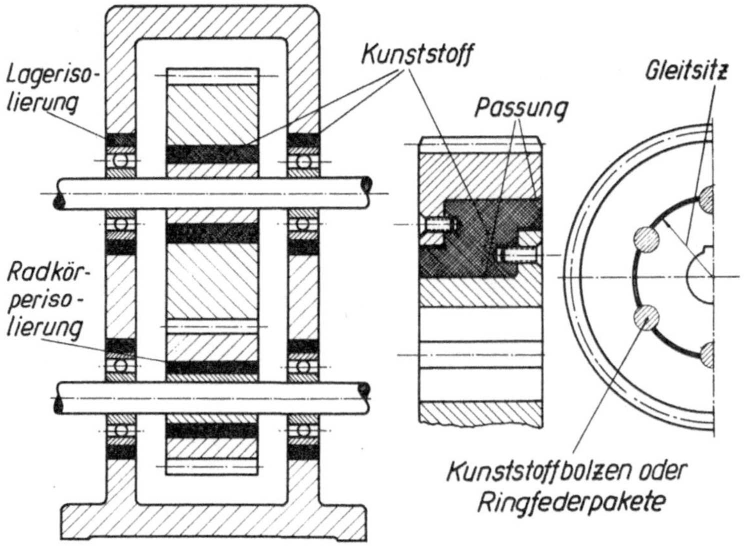

Abb. 32 Beispiele für Sperrglieder im Körperschallfluß

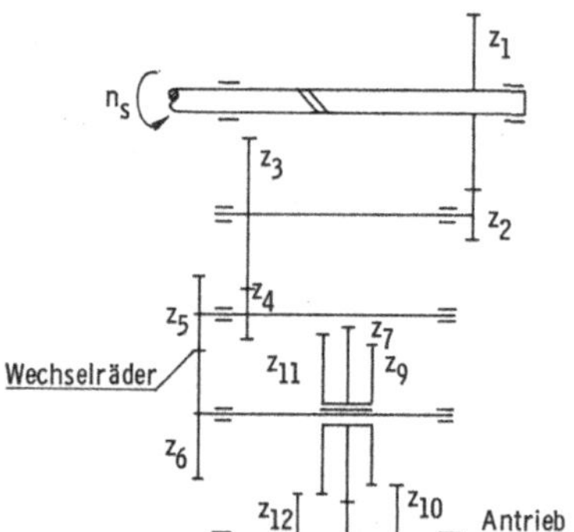

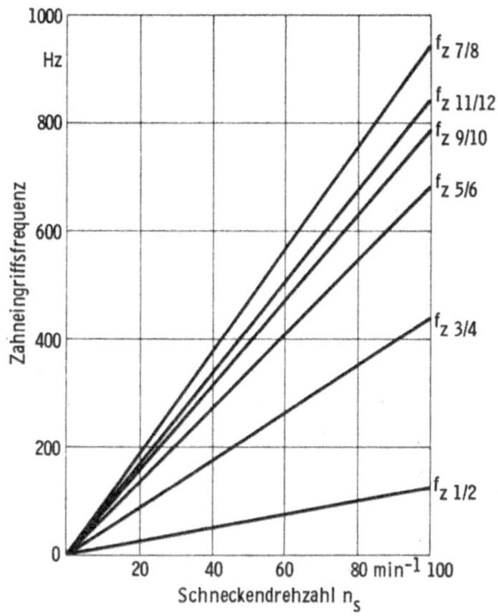

Abb. 33 Mehrstufiges Getriebe einer Schneckenpresse (Getriebeschema, Zahneingriffsfrequenzen)

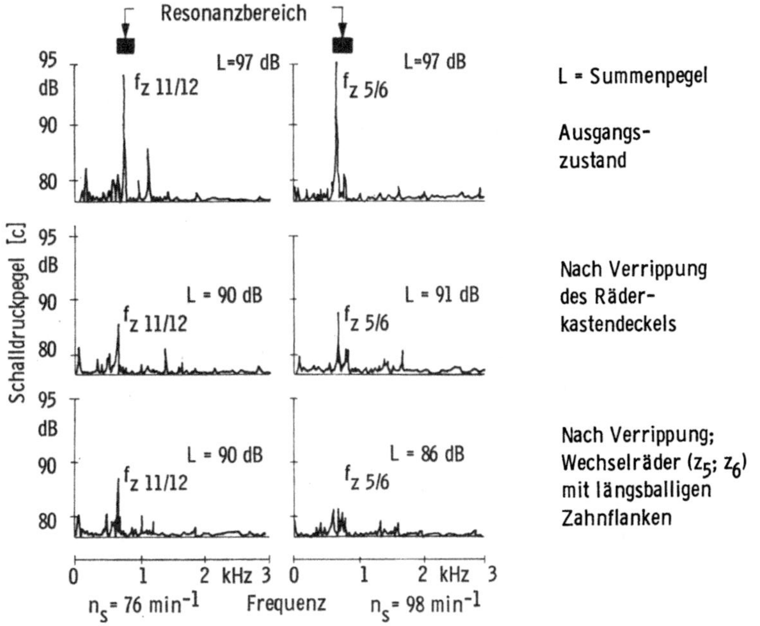

Abb. 34 Frequenzspektren

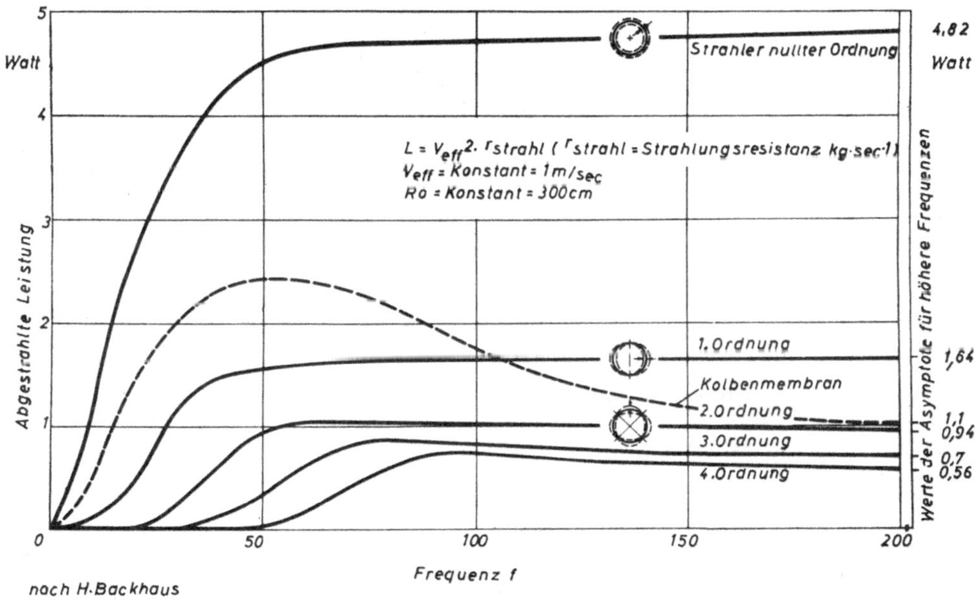

Abb. 35 Abgestrahlte Schalleistung normaler Kugelstrahler

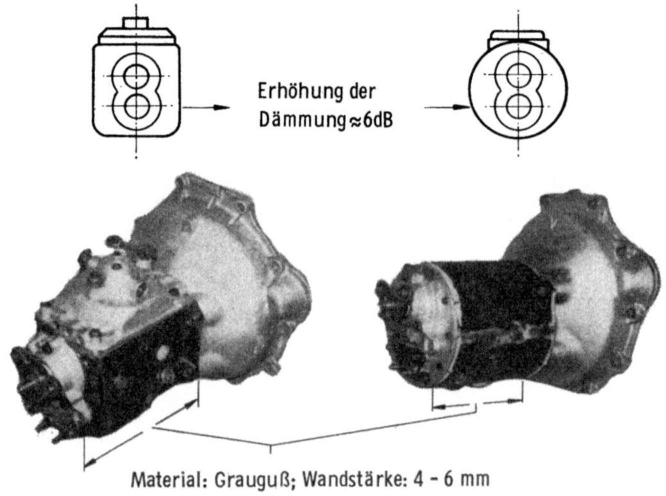

Abb. 36 Gehäusetypen eines Schaltgetriebes mit unterschiedlichem Dämmvermögen

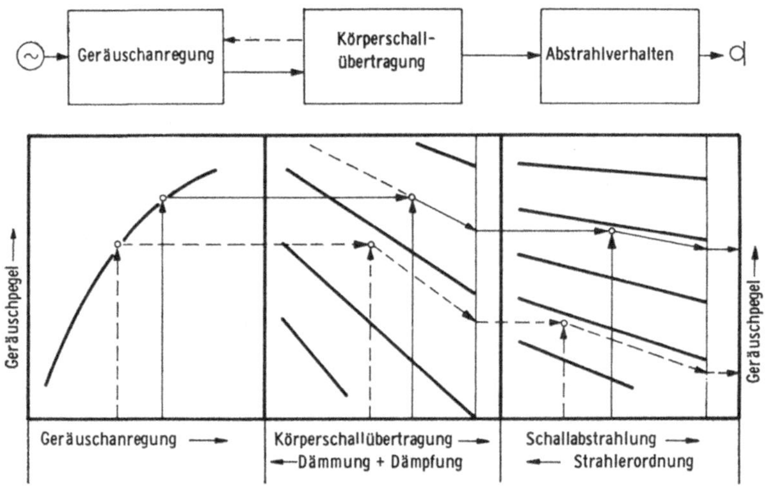

Abb. 37 Einflußgrößen auf den Geräuschpegel

Teil II

Verschleißuntersuchungen an Zahnradgetrieben

1. Einfluß von Fertigungs- und Montagefehlern auf die Flankentragfähigkeit

1.1 Einleitung

Bei den bisherigen Untersuchungen über den Einfluß von Fertigungsfehlern auf die Flankentragfähigkeit ungehärteter Stirnräder wurden im wesentlichen Eingriffsteilungsfehler, Flankenformfehler und Oberflächenrauhigkeiten erfaßt [1]. Die Ergebnisse an gerad- und schrägverzahnten Rädern aus den Werkstoffen Ck 45 und Ck 60 haben gezeigt, daß die durch das jeweilige Bearbeitungsverfahren bedingten unterschiedlichen Fertigungsfehler den Zahnkraftverlauf und das Tragbild in starkem Maße beeinflussen. Die Untersuchungen wurden auf Versuchsräder aus dem Vergütungswerkstoff 37 Cr 4 erweitert.
Weiterhin zeigen Lebensdaueruntersuchungen an profilverschobenen Versuchsrädern, daß sich infolge anderer Krümmungsverhältnisse und Nachgiebigkeitswerte bei profilverschobenen Rädern Unterschiede in bezug auf die Flankentragfähigkeit und Fehlerempfindlichkeit gegenüber normalverzahnten Rädern ergeben.
Neben Fertigungsfehlern, die in erster Linie den Kraftverlauf in Eingriffsrichtung verändern, wirken sich Fehler in Flankenrichtung sowie Montagefehler entscheidend auf das Tragverhalten einer Verzahnung aus. Eine Analyse der dabei möglichen Fehler zeigt, daß durch ein ungünstiges Zusammenwirken aller Einzelfehler im Getriebe ein wirksamer Fehler auftreten kann, der das Tragbild sehr stark herabsetzt und ein Kanten- oder Überecktragen verursachen kann, wodurch örtliche Belastungsspitzen und damit erhöhter Flankenverschleiß an diesen Stellen auftreten. Kinematische Fehler der Verzahnmaschine beeinflussen je nach Größe und Periodenzahl des Fehlers ebenfalls Tragbild und Verschleißverhalten.
Dies zeigen Lebensdaueruntersuchungen an Rädern mit Flankenfehlern, die durch exzentrische Teilwechselräder der Verzahnmaschine erzeugt wurden.

1.2 Einfluß von Bearbeitungsverfahren und Verzahnungssystem auf die Flankentragfähigkeit

Die bei den einzelnen Bearbeitungsverfahren zur Zahnradherstellung erzielten unterschiedlichen Verzahnungsqualitäten sind von starkem Einfluß auf die Flankentragfähigkeit eines Getriebes. Insbesondere verringern Oberflächenrauhigkeiten die tragende Fläche der Flanken, wodurch auch die übertragbare Umfangskraft kleiner wird. In welchem Maße durch die Feinbearbeitungsverfahren, Schaben und Läppen, die Laufeigenschaften eines Getriebes verbessert werden können, ist in Abb. 1 gezeigt.
Alle Versuchsräder wurden aus dem Werkstoff 37 Cr 4 hergestellt und wiesen im vergüteten Zustand eine Festigkeit von 75 bis 85 kp/mm² und eine Flankenhärte von HV = 240 bis 260 kp/mm² auf. Aus den Evolventenprüfdiagrammen rechts im Bild ist deutlich der Qualitätsunterschied der Räder zu erkennen. Die maximale Oberflächen-

rauhigkeit der geschabten und geläppten Versuchsräder betrug 2 µm, die der gefrästen Räder 7 µm. Wie frühere Untersuchungen über das Einlaufläppen von Stirnradgetrieben gezeigt haben, hängt die durch das Läppen erzielbare Verbesserung der Flankenform selbst unter Einhaltung optimaler Läppbedingungen weitgehend von dem Ausgangszustand der Zahnflanken vor dem Läppen ab [2]. Die hier untersuchten Räder wiesen vor dem Läppen neben großen Oberflächenrauhigkeiten teilweise starke Flankenformfehler auf, so daß außer dem Abbau der Rauhigkeitsspitzen die Flankenformfehler nur zum Teil beseitigt wurden; es handelt sich also keinesfalls um Zahnflanken, die beim Läppen üblicherweise erreicht werden. Trotzdem ergaben die Lebensdaueruntersuchungen für die geläppten Versuchsräder gegenüber den gefrästen Rädern die doppelte Dauerwälzfestigkeit, wie die Wöhlerlinien links im Bild zeigen. An den geschabten Rädern wurde gegenüber den gefrästen die dreifache Dauerwälzfestigkeit erzielt. Die größere Tragfähigkeit der geschabten Räder gegenüber den geläppten ist dabei weitgehend durch die schlechtere Flankenform der geläppten Zahnflanken zu erklären. In jedem Falle wird aber durch Läppen und Schaben eine erhebliche Steigerung der Flankentragfähigkeit gegenüber Rädern normaler Fräsqualität erzielt.

In vielen ausgeführten Getrieben ist es aus konstruktiven Gründen erforderlich, eine Profilverschiebung der Zahnräder vorzunehmen. Für die Wahl der Größe der Profilverschiebung können Gesichtspunkte, wie Vermeiden des Unterschnittes, Einhalten vorgegebener Achsabstände bei gegebenem Modul und Übersetzungsverhältnis, Gleitgeschwindigkeitsverhältnisse usw. ausschlaggebend sein. Außerdem läßt sich durch zweckmäßige Wahl der Verzahnungsgrößen eine unter diesen Bedingungen optimale Verzahnung in bezug auf die Tragfähigkeit, d. h. die hierfür günstigste Profilverschiebung, bestimmen. Aufgabe der folgenden Untersuchungen sollte es jedoch sein, eine Verzahnung mit vorgegebener Profilverschiebung auf Flankentragfähigkeit und Empfindlichkeit gegen Verzahnungsfehler mit normalverzahnten Rädern ähnlicher Abmessungen zu vergleichen.

Im Vergleich zu normalverzahnten Rädern mit Modul 5, den Zähnezahlen $z_1 = z_2 = 25$ und einem Achsabstand von 125 mm wurde für diese Versuche bei gleichem Modul und Achsabstand eine positive Profilverschiebung am Ritzel von $x = 1{,}27$ und am Rad von $x = 0{,}54$ vorgenommen. Während sich bei positiver Profilverschiebung die Verkleinerung des Überdeckungsgrades als nachteilig auswirkt, ergeben sich als Vorteile neben einer kleineren Mindestzähnezahl vor allem größere Pressungswinkel und damit bessere Krümmungsverhältnisse als bei vergleichbarer Normalverzahnung. Da die Zahndicke vom Wälzkreis zum Zahnkopf hin stärker abnimmt und zum Zahnfuß hin größer wird als bei Normalverzahnung, werden auch die Nachgiebigkeitswerte verändert, deren Größe für die Empfindlichkeit einer Verzahnung gegen Teilungs- und Flankenformfehler entscheidend ist. In Abb. 2 sind Nachgiebigkeit und mittlere Krümmung für ein profilverschobenes und ein normalverzahntes Radpaar über der Eingriffsstrecke dargestellt [3]. Auf Grund der durch die Profilverschiebung veränderten Zahnform werden die Zähne steifer, d. h. die Nachgiebigkeitswerte werden kleiner als bei den normalverzahnten Rädern, wie ein Vergleich der oberen Kurven in beiden Diagrammen zeigt. Die durch die Profilverschiebung hervorgerufene Vergrößerung des Betriebseingriffswinkels auf 28° bedingt bei dem profilverschobenen Radpaar kleinere Krümmungswerte, wie die unteren Kurven zeigen.

Da die mittlere Krümmung der Zahnflankenbeanspruchung direkt proportional ist, ist an den profilverschobenen Rädern eine entsprechend größere Flankentragfähigkeit als an den normalverzahnten Rädern zu erwarten, was auch die Wöhlerlinien in Abb. 3 bestätigen, die unter gleichen Versuchsbedingungen ermittelt wurden. Um eine Vorstellung in bezug auf die übertragbare Leistung zu geben, wurde auf der Ordinate die dauernd übertragbare Zahnkraft aufgetragen. Ein Vergleich der oberen Kurven, die an Rädern normaler Fräsqualität ermittelt wurden, zeigt eine deutliche Steigerung der übertragbaren Zahnkraft durch die Profilverschiebung um etwa 40%. Die unteren Kurven geben Versuchsergebnisse an Rädern mit Flankenformfehlern von 20 μm wieder. Auf Grund der kleineren Nachgiebigkeitswerte verursachten die Fehler an den profilverschobenen Versuchsrädern eine Minderung der Tragfähigkeit um 55%, während an den normalverzahnten Rädern nur eine Verminderung von 30% ermittelt wurde. Mit positiv profilverschobenen Rädern guter Verzahnungsqualität lassen sich also größere Kräfte als mit vergleichbaren normalverzahnten Rädern übertragen, fertigungstechnisch bedingte Verzahnungsfehler rufen jedoch an den profilverschobenen Rädern einen stärkeren Abfall in der Flankentragfähigkeit hervor, so daß bei ungefähr gleicher Fehlergröße im untersuchten Beispiel mit einer üblichen Profilverschiebung die Werte für die dauernd übertragbare Zahnkraft ungefähr gleich sind.

1.3 Einfluß von Fehlern in Flankenrichtung und Montagefehlern auf die Flankentragfähigkeit

Flankenrichtungsfehler der Zahnräder und Einbaufehler beeinflussen in starkem Maße die Laufeigenschaften eines Getriebes, wie auch schon im ersten Abschnitt dieses Berichtes gezeigt wurde. Diese Fehler können als Ursache für das sogenannte Übereck- oder Kantentragen der Zahnräder angesehen werden, was stärkere Geräuschabstrahlung und höheren Flankenverschleiß oder sogar Zahnbruch zur Folge hat. Für das Flankentragbild ist dazu der im Getriebe wirksame Fehler in Flankenrichtung maßgebend, der sich, wie Abb. 4 schematisch zeigt, aus einer Reihe von fertigungstechnisch bedingten Fehlereinflüssen zusammensetzt. Zuerst seien Flankenfehler der Verzahnung angeführt, die unter anderem durch Form- und Aufspannfehler von Werkzeug und Werkstück und besonders durch kinematische Fehler der Verzahnmaschine als Fehler der Schlittenführungen oder Übertragungsfehler der Antriebselemente entstehen können. Aus der im Feld 1 angegebenen Formel läßt sich die Fehlergröße in Richtung der Eingriffslinie, die sich infolge des Flankenrichtungsfehlers ergibt, leicht angeben. Lagefehler der Zahnradachsen zueinander sind unter dem Achswinkelfehler (rechts oben im Bild) zusammengefaßt. Im Falle eines Achsneigungsfehlers schneiden sich die Zahnradachsen, wodurch die Zahnflanken nur auf der Kante tragen. Bei einem Achsschränkungsfehler kreuzen sich die Zahnradachsen, ohne sich zu schneiden; dadurch entsteht ein Übereck-tragen der Zahnflanken. Die Ermittlung der Fehler senkrecht zur Zahnflanke aus den Winkelfehlern geht aus den entsprechenden Gleichungen hervor. Konstruktiv bedingt sind Fehler infolge Verformung von Lagern, Wellen und Gehäuse (Abbildung links unten). Unterschiedliche Lagersteifigkeiten und außermittige Wellenbelastung rufen unterschiedliche Lagerverschiebungen und damit zusätzliche Achsverschiebungen hervor. Wellen- und Gehäuseverformungen unter statischer und dynamischer Beanspruchung führen ebenfalls zu einer Verlagerung der Achsen und beeinflussen damit direkt das Tragbild. Fehler, die durch Lagerspiel und unterschiedliche Bohrungstoleranzen zwischen Rad und Welle entstehen, können ebenfalls eine einseitige Belastung der Zahnflanken verursachen. Neben Zylindrizitätsfehlern der Getriebewellen seien noch thermische Verformungen erwähnt, die besonders in Großgetrieben ganz erheblich sein können. Durch Zusammensetzen der einzelnen Fehler erhält man den wirksamen Gesamtfehler, wobei das Vorzeichen der einzelnen Fehler berücksichtigt werden muß. Nimmt man jedoch den ungünstigsten Fall an, daß sich alle Fehler addieren, so erhält man für ein Zahnrad mit einem Teilkreisdurchmesser von 95 mm und einer Zahnbreite von 70 mm nach den derzeit gültigen Normen DIN 3967 für »zulässige Zahnrichtungsfehler« und DIN 3964 für »Achsabstands-Abmaße« für Verzahnungsqualität 6 einen möglichen Fehler von 42 μm, bezogen auf die Radbreite. Berücksichtigt man noch zusätzlich einen Fehler durch Lagerverschiebung und Wellendurchbiegung von in diesem Falle 15 μm, so erhält man einen Gesamtfehler von 57 μm. Dieses kurze Beispiel sollte nur zeigen, welche Größenordnung diese Fehler erreichen können, und daß man zur Erzielung eines einwandfreien Tragbildes neben einer genauen Verzahnung durch die Konstruktion bzw. Steifigkeit und Genauigkeit aller anderen Getriebeelemente verbessern muß.

An Hand einiger Versuchsergebnisse sei im folgenden der Einfluß unterschiedlicher Zahnrichtungsfehler auf das Verschleißverhalten und die Flankentragfähigkeit von schrägverzahnten Versuchsrädern aufgezeigt. Durch verschiedene Übersetzungen der Differentialwechselräder wurden dazu beim Verzahnen konstante Zahnschrägefehler erzeugt.

Bei den Laufversuchen wurde der Grübchenverschleiß in Flankenrichtung genau ermittelt und über der Zahnbreite aufgetragen (Abb. 5). Bei einem Prüfstandsfehler ($f_p + f_D + f_{sp}$) von ungefähr 6 μm und unterschiedlichen Zahnrichtungsfehlern bis zu 50 μm pro Radbreite erhält man die in den Diagrammen eingetragenen Gesamtfehler f_{ges}. Bei einem Ritzelmoment von 15 kp/m und nach einer Laufzeit von 45 Stunden ergeben sich auf den Zahnflanken Verschleißzonen, deren Größe mit zunehmendem Richtungsfehler abnehmen, an einer Stirnseite der Versuchsräder. Gleichzeitig wächst der prozentuale Grübchenanteil mit dem Richtungsfehler. Diese Tatsache kann durch einen Traganteil C_T berücksichtigt werden, der sich aus dem Verhältnis der tragenden Flankenfläche zur Gesamtflankenfläche bestimmt. Bereits bei einem Fehler von 15 μm pro Radbreite wird die tragende Fläche um fast 50% reduziert. Die zunehmende Kantenbelastung und der damit verbundene erhöhte Grübchenverschleiß am Flankenende verursachen in gleichem Maße eine Minderung der Flankentragfähigkeit der Getriebe, wie Abb. 6 zeigt. Hier ist die dauernd übertragbare Zahnkraft in Abhängigkeit vom Zahnrichtungsfehler dargestellt. Bei einem wirksamen Fehler von 5 μm können 7 kp/mm, bei einem Fehler von 45 μm nur noch 2,5 kp/mm dauernd übertragen werden.

In welcher Weise sich kinematische Fehler der Verzahnmaschine auf die Flankentragfähigkeit auswirken, ist aus Abb. 7 zu ersehen. Es handelt sich hierbei um Versuchsräder mit Flankenfehlern, die durch exzentrische Teilwechselräder der Verzahnmaschine erzeugt und mit Rädern normaler Fräsqualität gepaart wurden. Die Zahnrichtungsdiagramme und Flankenaufnahmen oben im Bild zeigen zunächst eine Flanke eines gefrästen Versuchsrades bei einem kinematischen Fehler der Verzahnmaschine von kleiner als 3 μm. Die beiden unteren Diagramme und Fotos zeigen die Zahnflanken der fehlerhaften Versuchsräder.

Im ersten Fall handelt es sich um einen Fehler mit einer Periodenzahl von 50,5 pro Tischumdrehung. Bei der Ausbildung des Flankenprofils trat jedoch eine starke Überschneidung der einzelnen Hüllschnitte in Achsrichtung ein, so daß sich ein Fehler mit nur kleiner Amplitude ergibt. Im zweiten Falle wird ein Fehler von 21,05 Perioden in voller Größe auf dem Rad ausgebildet, da bei dieser Periodenzahl keine Überschneidung der Hüllschnitte auftrat. Die Wöhlerlinien unten im Bild zeigen, daß sich der Fehler mit 50,5 Perioden praktisch nicht auf die Flankentragfähigkeit auswirkt, wie ein Vergleich mit den ohne Fehler gefrästen Versuchsrädern ergibt. Die Unterschiede liegen im Bereich der Meßwertstreuung. Der Fehler mit einer Periodenzahl von 21,05 setzt den tragenden Anteil der Flanken stark herab, wie das Flankenfoto nach 40 Stunden Laufzeit zeigt. Die Welligkeitsspitzen sind durch die starke Belastung bereits abgebaut, während dazwischen noch die Fräsriefen zu erkennen sind. An den glatten Flankenstellen ist im Gebiet zwischen Wälz- und Fußkreis schon der einsetzende Grübchenverschleiß zu erkennen. Wie die untere Wöhlerkurve zeigt, wurde durch diesen Fehler die Flankentragfähigkeit um ungefähr 35% gegenüber der an Rädern ohne kinematischen Fehler herabgemindert. Aus den Versuchen geht hervor, daß neben Fehleramplitude und Radabmessungen die Periodenzahl des kinematischen Fehlers von entscheidender Bedeutung auf die Flankentragfähigkeit eines Getriebes ist. Die Erzeugung der kinematischen Fehler und vor allem die Auswirkung der Periodenzahl auf die Fehlerausbildung an der Zahnflanke wird in einem anderen Forschungsbericht [4] behandelt.

1.4 Ausgleich von Flankenrichtungsfehlern durch Balligbearbeitung

Zum Ausgleich von Flankenrichtungsfehlern können die Zahnflanken in Breitenrichtung ballig ausgeführt werden. Dabei nimmt man von vornherein zwar eine kleinere Tragfläche in Kauf, andererseits vermeidet man aber durch die Flankenrücknahme an den Zahnenden das sogenannte Kanten- oder Übercktragen. Damit gelingt es, ohne Einengung der Herstelltoleranzen die schädliche Auswirkung der Zahnrichtungsfehler in bezug auf Flankenverschleiß ebenso wie bei der Geräuschentwicklung zu verringern. Die Größe der Balligkeit richtet sich dabei nach der Größe des Fehlers und nach der Belastung. In ersten Versuchen wurden die Auswirkungen einer Balligkeit auf die Flankentragfähigkeit ermittelt. Abb. 8 zeigt rechts die Zahnrichtungsprüfdiagramme der gefrästen breitenballigen Versuchsräder, links die ermittelte Verschleißverteilung über der Zahnbreite. Dabei wurde die Auswertung nach den Laufzeiten vorgenommen, bei denen ein mittlerer Grübchenverschleiß an Rad und Ritzel von 1,25% aufgetreten war. Mit zunehmender Balligkeit konzentriert sich der Verschleiß den Pressungsverhältnissen entsprechend in Flankenmitte. Bei einer Balligkeit von 16 μm (unten im Bild) wurde in der Mitte schon nach kurzer Zeit eine starke Pittingbildung beobachtet, während die Enden der Flanken unbelastet blieben. Vergleicht man dieses Ergebnis mit den Messungen an einem Versuchsgetriebe in Abb. 9, bei dem ein zusätzlicher Flankenrichtungsfehler von 28 μm vorlag, so läßt sich in der Verschleißverteilung praktisch kein Unterschied feststellen, d. h. der Fehler wurde durch die Balligkeit der Zahnflanken ausgeglichen.
Die gemessenen Wöhlerkurven in Abb. 10 lassen erkennen, daß infolge der Verkleinerung der tragenden Flankenfläche durch die Breitenballigkeit auch die Flankentragfähigkeit vermindert wird. Die dauernd übertragbare Zahnkraft fällt von 14 kp/mm bei nicht balligverzahnten Rädern auf 10 kp/mm bei 16 μm Balligkeit ab. Durch den zusätzlichen Flankenrichtungsfehler ergab sich jedoch kein weiteres Absinken der Flankentragfähigkeit mehr, wie die mittlere Wöhlerkurve in Abb. 11 zeigt. Die geringfügigen Unterschiede der Versuchspunkte liegen im Streubereich der Meßwerte. Im Vergleich zur unteren Wöhlerkurve, die an nicht balligen Versuchsrädern mit einem ungefähr gleich großen Flankenrichtungsfehler ermittelt wurde, konnte die Tragfähigkeit durch die Balligbearbeitung um etwa den gleichen Prozentsatz verbessert werden, der durch die Balligbearbeitung im Vergleich zur oberen Kurve verlorengeht. Wie dieses Beispiel zeigt, ist eine Verbesserung der Tragfähigkeit nur dann möglich, wenn bei gegebenem Flankenrichtungsfehler die kleinste mögliche Breitenballigkeit, also der Optimalwert, für ein Getriebe, ausgeführt wird. Dieser optimale Zusammenhang kann nur in umfangreichen theoretischen und experimentellen Grundlagenuntersuchungen gefunden werden.

2. Ursachen und Auswirkungen dynamischer Zahnkräfte in Stirnradgetrieben

Verzahnungsfehler beeinträchtigen das Laufverhalten von Stirnradgetrieben einmal durch die veränderte Lastverteilung in Zahnbreitenrichtung und über der Eingriffsstrecke, zum anderen aber auch durch die Verringerung der kinematischen Genauigkeit der Zahnräder in der Paarung zu einem Getriebe. Letztere wird ebenfalls durch die Zahnverformungen unter Last beeinflußt. Diese Zahnverformungen führen bei konstanter Getriebebelastung zu sprunghaften Drehwinkeländerungen wegen der unterschiedlichen Zahnsteifigkeiten längs der Eingriffsstrecke einer Getriebepaarung. Damit ist auch bei fehlerfreien Getrieben eine Erregerfunktion gegeben, die zu dynamischen Zusatzkräften im Getriebe mit statischer Nutzlast führt. Bei Getrieben mit kinematischen Fehlern wirken diese zusätzlich als Erregung für Schwingungsvorgänge. Man spricht in diesem Fall von inneren dynamischen Zusatzkräften, da keine äußere Erregung vorliegt. Die Erfassung dieser Zusätzkräfte erfolgte bisher näherungsweise nach Energie-Ansätzen. Man trifft jedoch die wirklichen Verhältnisse erheblich besser, wenn man ein Getriebe als Schwingungssystem untersucht.
Im folgenden werden daher zunächst die wichtigsten Einflußgrößen auf die dynamische Zahnkraft erörtert, die zur Aufstellung der Bewegungsgleichungen und zur Berechnung der Systemkonstanten benötigt werden. Für geradverzahnte Getriebe mit und ohne Flankenformfehler wurde die Lösung der sich ergebenden Differentialgleichungen auf einem üblichen Analogrechner durchgeführt. Die theoretisch gewonnenen Ergebnisse werden dann mit gemessenen Werten verglichen, welche mit Hilfe von Dehnungsmeßstreifen ermittelt wurden. Der an den Versuchsrädern ermittelte Zusammenhang zwischen dynamischer Belastung und Getriebegeräusch bzw. Verschleißverhalten wird an Hand von Geräuschmessungen und Verschleißuntersuchungen erläutert. Schließlich wird eine Gegenüberstellung der hier gewonnenen Ergebnisse mit einigen bekannten Berechnungsmethoden gegeben, die auf den bereits erwähnten Energie-Ansatz zurückgehen.

2.1 Mathematisches Modell für ein Getriebepaar

Zur Formulierung der Systemgleichungen wurde zunächst ein mathematisches Modell für das vorliegende System gebildet, das die in Abb. 12 schematisch und symbolisch dargestellten Hauptfaktoren zur Bestimmung der dynamischen Belastung enthält. Neben der Dämpfung beeinflussen die Art und Größe des Flankenspiels sowie die Steifigkeit der Zahnpaarung das dynamische Verhalten eines Getriebes. Das in Abb. 13 gezeigte dynamische Modell für ein Zahnradpaar besteht aus zwei Massen m_1 und m_2, die an den betreffenden Grundkreisradien r_{g1} und r_{g2} durch eine Feder mit veränderlicher Steifigkeit $c_{\mathrm{ges}}(t)$ und parallel dazu durch einen Flüssigkeitsdämpfer k gekoppelt sind. Die Schwingungen, die durch Flankenformfehler zusätzlich überlagert werden, sowie das Zahnflankenspiel sind ebenfalls berücksichtigt. Die Schwingungsbewegung der Zahnradmassen wird durch entsprechende Drehwinkel ψ_1 und ψ_2 dargestellt. Eine grundlegende Annäherung des tatsächlichen Zahneingriffs besteht darin, daß das System kleine Schwingungen nachbildet, die der Hauptdrehung der Zahnräder beim Durchlaufen eines Zahneingriffes überlagert sind. Um das Modell zu vervollständigen, ist es notwendig, den Verlauf der Zahnsteifigkeit und das Dämpfungsverhalten zu bestimmen. Die Steifigkeit eines einzelnen Zahnpaares sei in Abb. 14a schematisch gezeigt. Die Federn mit den Steifigkeiten c_{Ra} und c_{Ri} berücksichtigen die Verformung der Rad- und

Ritzelzähne sowie der anschließenden Radkörper infolge Biegemoment, Quer- und Normalkraft und die Verformung infolge Hertzscher Pressung, während die gemeinsame Feder c_{0s} die Steifigkeit des Ölfilmes zwischen den Zähnen darstellt. Die Gesamtsteifigkeit c für ein Zahnpaar im Eingriff ergibt sich dann zu:

$$\frac{1}{c} = \frac{1}{c_{Ra}} + \frac{1}{c_{Ri}} + \frac{1}{c_{0s}}$$

Während die Verformungsanteile, aus denen sich die Steifigkeiten c_{Ra} und c_{Ri} ableiten, nach Größe und Zusammensetzung weitgehend bekannt sind, ist die Größe der Steifigkeit des Ölfilmes noch nicht endgültig geklärt. Einen Beweis, daß diese Steifigkeit von Bedeutung ist, liefern Drehschwingungsmessungen mit seismischen Aufnehmern und Zahnkraftmessungen mit Hilfe von Dehnungsmeßstreifen. Hierbei zeigte sich, daß die Übergänge vom Einzel- zum Doppeleingriffsgebiet und umgekehrt nicht sprunghaft vor sich gehen, sondern in einer wenn auch kleinen, aber endlichen Zeit erfolgen. Allgemein kann der Einfluß der Ölfilmsteifigkeit c_{0s} wie folgt erklärt werden: Bevor die Zähne im Eingriff sind, ist c_{0s} und damit auch die Gesamtsteifigkeit c gleich 0. Zu Beginn des Zahneingriffs steigt die Ölfilmsteifigkeit auf einen sehr großen Wert an, bis der Ölfilm völlig ausgebildet ist; wird der Endwert viel größer als die anderen Anteile der Steifigkeit, so kann der Effekt vernachlässigt werden.

In Abb. 14b ist der theoretische Verlauf der Gesamtsteifigkeit ohne Berücksichtigung der Steifigkeit des Ölfilmes über dem Drehwinkel aufgetragen. Die Kurve erhält man durch Zusammensetzen der Steifigkeiten der jeweils an der Kraftübertragung beteiligten Zahnpaare, die dabei als parallel geschaltete Federn anzusehen sind. Darunter ist eine Aufzeichnung des relativen Drehwinkels von Versuchsrädern ohne Flankenformfehler zu sehen, wie er bei kleiner Umfangsgeschwindigkeit und unter hoher Belastung seismisch gemessen wurde. Man erkennt hier deutlich den allmählichen Übergang vom Einzel- zum Doppeleingriff.

Auf Grund der berechneten Steifigkeit und der gemessenen Drehfehler wurde für den Verlauf der Zahnsteifigkeit die in Abb. 14d gezeigte Funktion $f(t)$ für die Berechnung verwendet, wobei die Gesamtsteifigkeit $c_{ges}(t)$ = dem Maximalwert $c_{max} \cdot f(t)$ ist. Der für den Einzeleingriff gefundene Wert der Steifigkeit beträgt 60% des Wertes im Doppeleingriff, die Übergangszeit vom Einzel- zum Doppeleingriffsgebiet ist ungefähr 6% einer Eingriffsperiode.

Durch die Veränderung der Drehsteifigkeit im vorliegenden System nach der angegebenen Funktion werden Schwingungen angeregt. Dadurch treten Resonanzerscheinungen auf, sobald die Zahneingriffsfrequenz gleich der Eigenfrequenz des Systems ist. Außerdem kommen als Anregung zur Resonanz ebenfalls höhere Harmonische der Funktion $f(t)$ in Frage, sobald die Zahneingriffsfrequenz gleich $\frac{1}{2}$, $\frac{1}{3}$ oder $\frac{1}{4}$ der Frequenz der Grundschwingung des Systems ist. Diese Tatsache ist charakteristisch für die Hillsche Differentialgleichung, die sich als Bewegungsgleichung ergibt.

Die Dämpfung setzt sich bei Zahnradgetrieben aus trockener und flüssiger Reibung, aus Luft- und Strömungswiderständen sowie aus Lagerreibung zusammen. Im vorliegenden Modell sind jedoch alle diese Faktoren zur Tilgung der Schwingungsenergie in einem Dämpfungsbeiwert zusammengefaßt. Es ist schwierig, die dem tatsächlichen Wert entsprechende Größe dieses Faktors zu ermitteln. Vergleicht man die Energie, die in einem Zahnradsystem verlorengeht, mit der Energie, die von einem Flüssigkeitsdämpfer mit harmonischer Bewegung zur gleichen Zeit entzogen wird, so erhält man für den Dämpfungskoeffizienten die in Abb. 15 unten rechts angegebene Beziehung. Dabei ist M das übertragene Moment, c die Zahnsteifigkeit, φ_z der Zahnverlustgrad und a die Schwingungsamplitude des Systems. Mit Hilfe dieser Gleichung können die

Dämpfungsverhältnisse angenähert wiedergegeben werden. In Abb. 15a ist eine prinzipielle Darstellung des Zahnverlustgrades φ_z als Funktion des Frequenzverhältnisses ω/ω_n nach NIEMANN zu sehen, wobei ω_n die Eigenfrequenz des Systems ist.
Allgemein wird angenommen, daß dieser Verlustfaktor mit abnehmender Umfangsgeschwindigkeit, besonders im Bereich kleiner Drehzahlen, stark ansteigt, während er im Bereich hoher Drehzahlen relativ konstant bleibt. Die Darstellung in Abb. 15b zeigt, daß die Schwingungsamplitude a mit zunehmender Geschwindigkeit ansteigt. Aus der Kombination beider Funktionen nach der vorgegebenen Gleichung erhält man die in Abb. 15c gezeigte Abhängigkeit des Dämpfungskoeffizienten vom Frequenzverhältnis. Aus diesen Überlegungen und den im Prüfstand gemessenen Werten für die dynamische Zahnkraft ergibt sich der in Abb. 16 gezeigte genaue Verlauf des Dämpfungskoeffizienten in Abhängigkeit von der Umfangsgeschwindigkeit. Sehr oft wird in der Literatur ein konstanter Dämpfungsfaktor von $\varphi = 0{,}1$ angegeben, der auch im Bereich größerer Umfangsgeschwindigkeiten sehr gut mit der gezeigten Kurve übereinstimmt, im unteren Geschwindigkeitsbereich ist er jedoch zu klein.
Nach der Ermittlung des Dämpfungsverhaltens und der Steifigkeitsfunktion soll eine Funktion gefunden werden, die Flankenformfehler als weitere Erregerursache des dynamischen Systems berücksichtigt. Flankenformfehler verursachen relative Drehbewegungen zwischen Rad und Ritzel, die der relativen Drehbewegung infolge der Änderung der Zahnsteifigkeit überlagert sind.
In Abb. 17 sind die Evolventendiagramme der untersuchten Fehlerräder dargestellt. Aus den Profilabweichungen von Rad- und Ritzelzahn von der Sollage der Evolvente wurde die relative Drehbewegung in Eingriffsrichtung konstruiert. Diese Fehlerfunktion kann durch eine Cosinusfunktion mit einer Amplitude $\psi_e = 4\ \mu m$ und einer Fehlerperiodenzahl pro Zahneingriff von $p = 4$ angenähert werden. Die Amplitude der Fehlerfunktion hängt nicht sosehr von der absoluten Größe des Flankenformfehlers als von dem wirksamen Fehler der kämmenden Flanken ab. Vom dynamischen Standpunkt aus liegt die Bedeutung der Flankenformfehler als Schwingungserregung darin, daß sie schon bei relativ kleinen Umfangsgeschwindigkeiten wirksam werden. So liegt beispielsweise bei einem Zahnrad mit 25 Zähnen und einem Flankenformfehler von 4 Perioden pro Zahneingriff eine Erregerfrequenz vor, die 100mal so groß wie die Drehfrequenz des Rades ist.

2.2 Analyse mit Hilfe des Analogrechners

Dem mathematischen Modell für das drehelastische System entspricht eine nichtlineare Differentialgleichung, für die es keine klassische Lösung in geschlossener Form gibt. Mit Hilfe eines Analogrechners kann jedoch die Lösung gefunden werden, wobei man direkt die von den Zähnen übertragene Gesamtkraft als Funktion der Umfangsgeschwindigkeit erhält. In Abb. 18 ist der Schaltplan des Analogrechners zur Lösung der unten angegebenen Differentialgleichung für den relativen Drehwinkel ψ_r gezeigt. Die Eigenfrequenz des Systems ω_n errechnet sich aus der maximalen Drehsteifigkeit c_{max} und dem Gesamtträgheitsmoment Θ_g, λ und γ sind Zeit- und Amplitudenmaßstabsfaktoren des Rechners. Die Erzeugung der speziellen Funktionen für den Verlauf der Zahnsteifigkeit und zur Berücksichtigung von Flankenformfehlern und Flankenspiel wird auf dem Rechner mit Hilfe von Funktionsgeneratoren erreicht. Nach dem Ausführen der einzelnen Rechengänge, die im Schaltplan symbolisch dargestellt sind, erhält man an der im Bild bezeichneten Stelle eine Spannung, die der gesamten übertragenen Zahnkraft direkt proportional ist.

Die Abmessungen der untersuchten Zahnräder gehen aus Abb. 19 hervor. Es wurden breite Radkörper und eine relativ schmale Verzahnung gewählt, um die Eigenfrequenz der Zahnräder möglichst niedrig zu halten, ohne den tatsächlichen Verlauf der Steifigkeit und die Zahneingriffsverhältnisse zu ändern.
Bei größeren Verzahnungsbreiten werden die Resonanzerscheinungen lediglich zu höheren Drehzahlen hin verschoben, wobei die Resonanzdrehzahl der Wurzel aus der Zahnbreite direkt und aus dem Trägheitsmoment umgekehrt proportional ist.
Eine niedrige Eigengrequenz ist aus meßtechnischen Gründen wünschenswert, da sich bei sehr hohen Umfangsgeschwindigkeiten Schwierigkeiten bei der Übertragung der elektrischen Signale von der rotierenden Welle ergeben.
Beispiele für den Verlauf der dynamischen Belastung, die vom Rechner geliefert wurden, sind aus den Aufnahmen in Abb. 20 für Versuchsräder ohne Flankenformfehler zu ersehen. In den Aufnahmen ist jeweils oben im Bild die Steifigkeitsfunktion und unten der Zahnkraftverlauf für verschiedene Geschwindigkeiten dargestellt. Bei einer Drehzahl von 1440 min^{-1} ist nur eine geringe Zunahme der statischen Kraft zu erkennen. Mit zunehmender Geschwindigkeit spricht das System auf die periodische Änderung der Steifigkeit an, wodurch die Zahnkraft um den statischen Wert mehr oder weniger stark pendelt. Bei 5200 min^{-1}, in der Nähe der Eigenfrequenz des Systems, wird die dynamische Belastung so groß, daß periodisch eine völlige Entlastung der Zähne auftritt, wodurch die Belastungsspitzen weiter ansteigen. In dem Resonanzgebiet bei 5500 min^{-1} wird die Kraft nur noch durch Einzelimpulse übertragen; die Höchstbelastung tritt dabei während des Doppeleingriffsgebietes auf, so daß sie sich auf zwei Zahnpaare verteilt.
Um ein anschauliches Bild über die Abhängigkeit der dynamischen Kraft von der Umfangsgeschwindigkeit zu erhalten, werden alle Ergebnisse auf die maximal übertragene Kraft bezogen. Daher wird ein Lastvergrößerungsfaktor definiert, der das Verhältnis der maximalen Kraft P_{ges} zur statischen Kraft P_{stat} angibt; dabei setzt sich die maximale Kraft aus einem statischen und einem dynamischen Anteil zusammen. In Abb. 21 ist der Lastvergrößerungsfaktor in Abhängigkeit von der Drehzahl dargestellt. Die Kurve ist durch einen Resonanzbereich zwischen 5250 und 7000 min^{-1} gekennzeichnet; hier ist die dynamische Belastung groß genug, um völlige Entlastung der Zähne hervorzurufen. Belastungsspitzen unterhalb dieser Resonanz sind auf Subharmonische der Grundresonanz zurückzuführen.
Bei näherer Betrachtung des Resonanzverhaltens läßt sich eine Eigenfrequenz auf Grund einer durchschnittlichen Steifigkeit der Zähne im Doppel- und Einzeleingriff errechnen, die einer Drehzahl von $n = 6300$ min^{-1} entspricht. Die Subharmonischen dieser Frequenz bei $n/2 = 3150$ min^{-1} und $n/4 = 1580$ min^{-1} gehen auch deutlich aus der Kurve hervor. Die Eigenfrequenz, die sich auf Grund der Rechenergebnisse ergibt, kann bei einer Drehzahl von 5500 min^{-1} beobachtet werden. Der Unterschied zu dem vorher angegebenen Wert von 6300 min^{-1} kann dadurch erklärt werden, daß sich bei völliger Entlastung der Zähne im Resonanzgebiet die wirksame Steifigkeit nach Abb. 20 aus den Werten im Doppel- und Einzeleingriff sowie dem Wert Null beim Abheben zusammensetzt. In diesem Falle erhält man eine Resonanzdrehzahl von 5650 min^{-1}, was mit den Rechnerergebnissen gut übereinstimmt.
Die Rechenergebnisse von Versuchsrädern mit gleichen Abmessungen, jedoch zusätzlichen Flankenformfehlern, sind in Abb. 22 zusammengestellt. Von großem Einfluß auf die Größe der dynamischen Belastung ist die Phasenlage der beiden Erregerfunktionen der Zahnsteifigkeit und der Flankenformfehlerfunktionen zueinander. Die gestrichelten Grenzkurven stecken den gesamten Bereich der dynamischen Zahnkraft für das vorliegende Beispiel ab. Die untere Kurve gilt unter der Bedingung, daß beide Funktionen in bezug auf ihre Grundschwingung in Phase sind, die obere Grenzkurve der Belastung

entspricht einer Phasenlage der beiden Grundschwingungen von 180°. Die ausgezogene Kurve in der Mitte gilt ungefähr für die vorliegenden Profilverhältnisse. Ein Vergleich dieser Kurve mit der in Abb. 21 gezeigten Abhängigkeit der dynamischen Belastung von der Drehzahl für Versuchsräder ohne Flankenformfehler zeigt, daß der Resonanzbereich durch die Fehler nicht beeinflußt wird; in beiden Fällen ergibt sich ungefähr eine dreifache Erhöhung der statischen Zahnkraft. Unterhalb des Resonanzbereiches verursachen die Fehler jedoch schon bei kleinen Umfangsgeschwindigkeiten viel größere dynamische Zusatzkräfte.

2.3 Experimentelle Untersuchungen

Parallel zu den theoretischen Untersuchungen über die dynamischen Zahnkräfte wurden an einigen Versuchsradpaaren Zahndehnungsmessungen durchgeführt, da die gemessene Zahndehnung bekanntlich direkt proportional der Zahnkraft ist. Bei den untersuchten Rädern war die Eigenfrequenz der Zähne selbst mehr als zehnmal größer als die Eigenfrequenz des Systems; die einzige Prüfstandsresonanz, die bei allen Versuchen beobachtet wurde, lag bei 200 Hz, d. h. bei $^1/_{10}$ der Systemeigenfrequenz, so daß beide Frequenzen keinen Einfluß auf das Resonanzverhalten des Systems ausüben. Daher stimmt die Annäherung, die bei der Formulierung des mathematischen Modells in Form eines isolierten Systems gemacht wurde, mit der Versuchseinrichtung gut überein.
In Abb. 23 wird die Lage der vier Dehnungsmeßstreifen und ihre Schaltung zu einer Vollbrücke gezeigt. Da die Dehnungsmessung der gesamt übertragenen Zahnkraft entsprechen sollte, wurde auf zwei Ritzelzähnen gemessen; dadurch wird stets die Summe der auf die beiden Meßzähne verteilten Kräfte erfaßt. Rechts im Bild ist der statische Zahndehnungsverlauf für die gezeigte Brückenschaltung schematisch in Abhängigkeit vom Drehwinkel dargestellt. Die gestrichelten Kurven gelten für die Dehnungsmessungen jedes Zahnes einzeln. Durch Zusammensetzung der beiden Anteile erhält man die ausgezogene Kurve für die Gesamtdehnung, die in dem angegebenen Bereich Einzel-, Doppel-, Einzeleingriff der Gesamtbelastung direkt proportional ist und mit den Rechnerergebnissen verglichen werden kann.
Für verschiedene Drehzahlen sind in Abb. 24 die gemessenen Zahndehnungsverläufe an den Versuchsrädern ohne Flankenformfehler zusammengestellt. Das Oszillogramm links oben im Bild entspricht dem statischen Zahnkraftverlauf. Mit steigender Umfangsgeschwindigkeit ist auch hier eine Zunahme der maximalen Dehnung bzw. Zahnkraft zu erkennen. Die Aufnahme bei 5300 min^{-1} zeigt den gemessenen Dehnungsverlauf im Resonanzbereich. Während die beiden äußeren Impulse nicht der Gesamtkraft entsprechen, kann der mittlere Impuls qualitativ mit dem Kraftverlauf, wie er sich am Analogrechner ergab, verglichen werden. Die gemessene maximale Zahnkraft ist in Abb. 25 in Abhängigkeit von der Drehzahl aufgezeichnet. Die auf dem Analogrechner ermittelte Kurve ist zum Vergleich gestrichelt eingezeichnet. Man erkennt, daß Rechnung und Messung das Resonanzverhalten des Systems infolge Erregung durch die veränderliche Zahnsteifigkeit gut wiedergeben. Weiterhin treten bei der halben bzw. dem vierten Teil der Systemeigenfrequenz Resonanzerscheinungen auf, die schon im unteren Geschwindigkeitsbereich erhöhte dynamische Zahnkräfte verursachen. In Abb. 26 wird ein Vergleich des gemessenen und berechneten Zahnkraftverlaufes bei 5500 min^{-1} gegeben. Der mittlere Teil des gemessenen Zahndehnungsdiagrammes entspricht wiederum der gesamten Zahnkraft über den Bereich Einzel-, Doppel-, Einzeleingriff. Um jedoch einen quantitativen Vergleich mit der berechneten Zahnkraft (rechts oben im Bild) zu erhalten, ist es notwendig, beide Schwingungen auf den gleichen Maßstab zurückzuführen. Dazu wird aus dem gemessenen Dehnungsdiagramm mit Hilfe von

Eichkurven, welche die Zahndehnung in Abhängigkeit von der Zahnkraft für jeden Punkt der Eingriffsstrecke wiedergegeben, der zugehörige Kraftverlauf ermittelt. Die Gegenüberstellung mit der berechneten Kurve zeigt eine gute Übereinstimmung, wenn man davon absieht, daß der Maximalwert der Messung geringfügig größer ist als bei der Rechnung, und die gemessene Kurve gegenüber der berechneten in bezug auf die Eingriffslinie etwas verschoben ist. Aus beiden Kurven geht deutlich hervor, daß die Belastung vom Einzel- zum Doppeleingriffsgebiet allmählich ansteigt, und daß die Belastungsspitze innerhalb einer Eingriffsperiode im Gebiet des Doppeleingriffsgebiets erfolgt, in dem zwei Zahnpaare an der Kraftübertragung beteiligt sind.
Meß- und Rechenergebnisse der dynamischen Zahnkräfte an Versuchsrädern mit Flankenformfehlern (Abb. 27) zeigen, daß bei einer Drehzahl von 1450 min^{-1} die Flankenformfehler eine zusätzliche Erregung mit der Eigenfrequenz des Systems hervorrufen, wodurch eine weitere Zunahme der dynamischen Belastung entsteht. Im Resonanzbereich bei $n = 5300\ min^{-1}$ ist die große dynamische Belastung in erster Linie auf die periodische Änderung der Zahnsteifigkeit zurückzuführen. Die Größe der Belastung wird jedoch noch zusätzlich durch den Fehlerverlauf beeinflußt. Die Abhängigkeit der dynamischen Belastung von der Drehzahl ist in Abb. 28 für Messung und Rechnung dargestellt. Obwohl beide Kurven die einzelnen Resonanzstellen aufzeigen, ist die berechnete dynamische Belastung ab ungefähr 1700 min^{-1} größer als die gemessenen Werte. Dieser Unterschied ergibt sich aus der Annäherung der Fehlerfunktion durch eine einfache Cosinusbeziehung und aus der Schwierigkeit, die genaue Phasenlage zwischen der Fehlerfunktion und der Steifigkeitsfunktion zu ermitteln.

2.4 Beziehung zwischen Getriebegeräusch, Grübchenverschleiß und dynamischer Belastung

Bei den Zahnkraftmessungen an den Fehlerrädern wurde gleichzeitig das vom Getriebe abgestrahlte Geräusch in Abhängigkeit von der Drehzahl durch Luftschallmessungen erfaßt. Wie Abb. 29 zeigt, hat der gemessene Schalldruck die gleiche Drehzahlabhängigkeit wie der gemessene Zahnkraftverlauf, d. h. Belastungsspitzen haben auch eine erhöhte Geräuschabstrahlung zur Folge. Dieses Ergebnis bestätigt die Annahme, daß die Geräuschentwicklung eines Zahnradgetriebes zu dem dynamischen Verhalten des Systems in einem bestimmten Verhältnis steht. Der weitaus höchste Schalldruck, der hier in μbar angegeben wurde, wird im Bereich der Hauptresonanz des Systems gemessen, wo die Kraftübertragung durch eine Reihe von Impulsen erfolgt, die beim Übergang vom Einzel- zum Doppeleingriff entstehen.
Neben der Geräuschabstrahlung ist die Lebensdauer eines Getriebes, d. h. die Sicherheit gegen frühzeitiges Erliegen durch Verschleiß, von entscheidender Bedeutung. Der Flankenverschleiß ungehärteter Zahnräder wird dabei in starkem Maße von dynamischen Zahnkräften und von der hydrodynamischen Schmierfilmbildung beeinflußt. Einerseits ergeben sich mit zunehmender Umfangsgeschwindigkeit zwischen den Zahnflanken bessere hydrodynamische Schmierungsverhältnisse, was einen größeren effektiven Traganteil der Flanken und damit eine verringerte Verschleißneigung zur Folge hat. Andererseits erhöhen dynamische Zahnkräfte die effektive Pressung zwischen den Zahnflanken, was eine entsprechende Minderung der Flankentragfähigkeit erwarten läßt. In Abb. 30 ist oben der an den Fehlerrädern gemessene Zahnkraftverlauf eingetragen, die untere Darstellung zeigt den Grübchenverschleiß in Prozent der Flankenfläche pro Stunde Laufzeit für einige Drehzahlen. Für eine in allen Versuchen konstante statische Belastung von 25 kp/mm erkennt man bei einer Drehzahl von 3200 min^{-1}, bei der nach der oberen Kurve eine Belastungsspitze vorliegt, einen doppelt so starken Grübchen-

verschleiß wie bei den Drehzahlen 750 und 1650 min^{-1}, bei denen die dynamische Zusatzbelastung nicht sehr groß ist. Bei 1400 min^{-1} trat sofort eine starke Zunahme des Grübchenverschleißes ein, nach 7 Stunden Laufzeit erfolgte bereits Zahnbruch. Wie die dynamische Belastungskurve zeigt, handelt es sich hier um eine Resonanzstelle, die durch Fehleranregung und gleichzeitig durch eine Subharmonische der Systemeigenschwingung zustande kommt. Auch im Verschleißverhalten läßt sich also eine Abhängigkeit von der dynamischen Belastung nachweisen, wobei besonders an den Resonanzstellen die Vorteile, die durch die Verbesserung der Schmierungsverhältnisse mit zunehmender Umfangsgeschwindigkeit entstehen, durch die dynamischen Effekte verlorengehen.

2.5 Vergleich der Ergebnisse mit verschiedenen Berechnungsverfahren

Ein qualitativer Vergleich der für dieses Beispiel berechneten und gemessenen dynamischen Zahnkräfte mit anderen Berechnungsverfahren wird in Abb. 31 gegeben, in dem für Versuchsgetriebe ohne Flankenformfehler der Lastvergrößerungsfaktor P_{ges}/P_{stat} über der Drehzahl aufgetragen ist. Kurve *a* entspricht den gemessenen Werten, Kurve *b* der Berechnung auf dem Analogrechner. Die Kurven *c* bis *g* wurden nach den von Zeman zusammengestellten Formeln von Tuplin (Kurve *c*), Niemann (Kurven *d* und *e*) und Buckingham (Kurven *f* und *g*) aufgestellt. Hierbei wurden die gleichen Verzahnungsdaten ohne die Masse der anschließenden Radkörper verwendet. Dazu muß aber betont werden, daß die Zahnradmasse nur bei den Kurven *c* und *f* berücksichtigt wird, und zum anderen die Resonanzerscheinungen der Kurven *a* und *b* unabhängig von der Radkörpergeometrie auftreten. Praktisch werden durch die Größe der Radmassen nur die jeweiligen Resonanzstellen innerhalb des Geschwindigkeitsbereiches festgelegt. Bei allen Formeln setzt man eine konstante Zahnsteifigkeit voraus. Aufschluß über das Resonanzverhalten kann jedoch nur eine Untersuchung des Systems geben, das durch eine veränderliche Zahnsteifigkeit angeregt wird.
Die zugrunde gelegte statische Belastung von 25 kp/mm geht als Berechnungsgröße wiederum nur in die Formeln *f* und *g* ein. Aus diesen Gründen ersieht man, daß ein direkter quantitativer Vergleich der einzelnen Kurven nicht möglich ist. Es sollte lediglich gezeigt werden, welche Unterschiede bei den einzelnen Verfahren auftreten können, und daß das Resonanzverhalten durch keine der Formeln erfaßt wird.
Der hier angegebene Resonanzbereich wird bei größeren Verzahnungsbreiten zu höheren Drehzahlen hin verschoben, so daß er hauptsächlich bei hochtourigen Getrieben, wie z. B. Turbogetrieben, zu beachten sein wird. Wie diese Untersuchungen zeigen, können jedoch Subharmonische der Grundschwingung, die in jedem Fall im üblichen Drehzahlbereich der meisten Getriebe liegen, sehr wohl Resonanzüberhöhungen der dynamischen Zahnkraft verursachen. Außerdem beeinflussen auch Flankenformfehler mit Erregerfrequenzen, die ein Vielfaches der Zahneingriffsfrequenz betragen, in jedem Fall das Resonanzverhalten des Systems im üblichen Geschwindigkeitsbereich.
In praktischen Fällen ist ein Getriebepaar ein fester Bestandteil eines geschlossenen Getriebesystems. Um eine Vorausbestimmung der dynamischen Belastung in jedem speziellen Getriebesystem geben zu können, wird es notwendig sein, das gesamte System mit seinen inneren und äußeren Erregungen zu programmieren. Das mathematische Modell wird dann aus einem System von Differentialgleichungen bestehen, deren Lösung natürlich einen wesentlich größeren Aufwand erfordert.

3. Zusammenfassung

Die Ergebnisse früherer Untersuchungen über den Einfluß der Bearbeitung auf die Flankentragfähigkeit an Zahnrädern aus Ck 45 und Ck 60 wurden an Rädern aus dem Werkstoff 37 Cr 4 bestätigt. Durch Läppen und Schaben wurde eine beachtliche Steigerung der Flankentragfähigkeit erzielt.
Positiv profilverschobene Zahnräder weisen gegenüber vergleichbaren normalverzahnten Rädern infolge der besseren Krümmungsverhältnisse eine höhere Flankentragfähigkeit auf. Durch Verzahnungsfehler geht dieser Vorteil wegen der kleineren Nachgiebigkeitswerte weitgehend verloren.
Flankenrichtungsfehler im Getriebe setzen sich aus den aufgezeigten Fertigungs- und Montagefehlern zusammen und stehen in einem direkten Zusammenhang zum Verschleißverhalten eines Getriebes. Kinematische Fehler der Verzahnmaschine wirken sich dabei je nach Periodenzahl des Fehlers unterschiedlich auf die Flankentragfähigkeit aus.

Eine Balligausführung der Zahnflanken führt zunächst zu einer kleineren tragenden Flankenfläche, was erhöhte Zahnbeanspruchung und geringere Flankentragfähigkeit bedingt. Zahnrichtungsfehler im Getriebe können jedoch durch eine geeignete Balligbearbeitung ausgeglichen werden, wenn man auch von vornherein durch die Flankenballigkeit mit einer kleineren Belastbarkeit zu rechnen hat.
Innere dynamische Zusatzkräfte treten abhängig von der Umfangsgeschwindigkeit auch in fehlerfreien Getrieben auf, werden jedoch durch Verzahnungsfehler erheblich vergrößert.

Diese dynamische Belastung in einem Zahnradgetriebe resultiert aus dem Zusammenwirken des Feder-Massen-Systems und den verschiedenen Quellen der Schwingungserregung, wie das behandelte Beispiel zeigte.
Das beschriebene mathematische Modell gibt ein zuverlässiges Bild der gesamten dynamischen Belastung über den ganzen Drehzahlbereich, falls die Erregerquellen einigermaßen genau erfaßt werden können.
Im Resonanzbereich wird die dynamische Belastung grundsätzlich durch die veränderliche Zahnsteifigkeit verursacht.
Bei Geschwindigkeiten unterhalb des Resonanzbereiches entsteht die dynamische Belastung durch die gegenseitige Beeinflussung von Flankenformfehlern und veränderlicher Zahnsteifigkeit. Flankenformfehler sind dabei nach Größe, Periodenzahl und Phasenlage zur Steifigkeitsfunktion von Bedeutung.
Die dynamische Belastung kann nach empirischen oder halbempirischen Formeln nur angenähert berechnet werden, in keinem Fall erhält man dann aber eine Aussage über das Resonanzverhalten des Systems.
Ein Zusammenhang zwischen der inneren dynamischen Zusatzlast und dem Getriebegeräusch konnte aufgezeigt werden. In Verschleißuntersuchungen ergab sich die erhebliche Beeinflussung der Tragfähigkeit eines Getriebes durch dynamische Zusatzkräfte.

Literaturverzeichnis

[1] Opitz, H., und W. Kalkert, Der Einfluß der Fertigungsgenauigkeit und der Schmierfilmausbildung auf die Flankentragfähigkeit ungehärteter Stirnräder. Forschungsbericht des Landes Nordrhein-Westfalen Nr. 1476 (1965).

[2] Hensen, F., Untersuchungen über das Läppen von Zahnrädern. Industrieanzeiger Nr. 19 (1961), S. 311; Nr. 11 (1963), S. 183; Nr. 19 (1963), S. 347.

[3] Weber, C., und K. Banaschek, Formänderung und Profilrücknahme bei gerad- und schrägverzahnten Rädern. Schriftenreihe Antriebstechnik, H. 11 (1955), Verlag Vieweg & Sohn, Braunschweig.

[4] Opitz, H., W. Eggert und H.I. Faulstich, Untersuchungen über die Fertigungsgenauigkeit beim Wälzfräsen von Stirnrädern. Forschungsbericht des Landes Nordrhein-Westfalen Nr. 1817 (1967).

[5] Bosch, M., Das dynamische Verhalten von Stirnradgetrieben unter besonderer Berücksichtigung der Verzahnungsgenauigkeit. Ind. Anz. 87 (1965), Nr. 102; Ind. Anz. 88 (1966), Nr. 14.

[6] Bollinger, J.G., Ursachen und Auswirkungen dynamischer Zahnkräfte in Stirnradgetrieben. Ind. Anz. 86 (1964), Nr. 19.

[8] de Jong, H., Der Einfluß der Wälzgenauigkeit von Verzahnmaschinen auf die Fertigungsgenauigkeit und das Laufverhalten von Stirnradgetrieben. Forschungsbericht des Landes Nordrhein-Westfalen Nr. 1304 (1964).

[9] Giloi/Lauber, Analogrechnen. Springer-Verlag, Berlin-Göttingen-Heidelberg (1963).

[10] Hoppen, J., Die Einflankwälzprüfung von Zahnrädern und Getrieben mit seismischen Drehschwingungsaufnehmern. Dissertation TH Aachen (1963).

[11] Niemann, G., und H. Rettig, Dynamische Zahnkräfte. VDI-Zeitschrift 99 (1957), Nr. 3 und Nr. 4.

Abbildungen

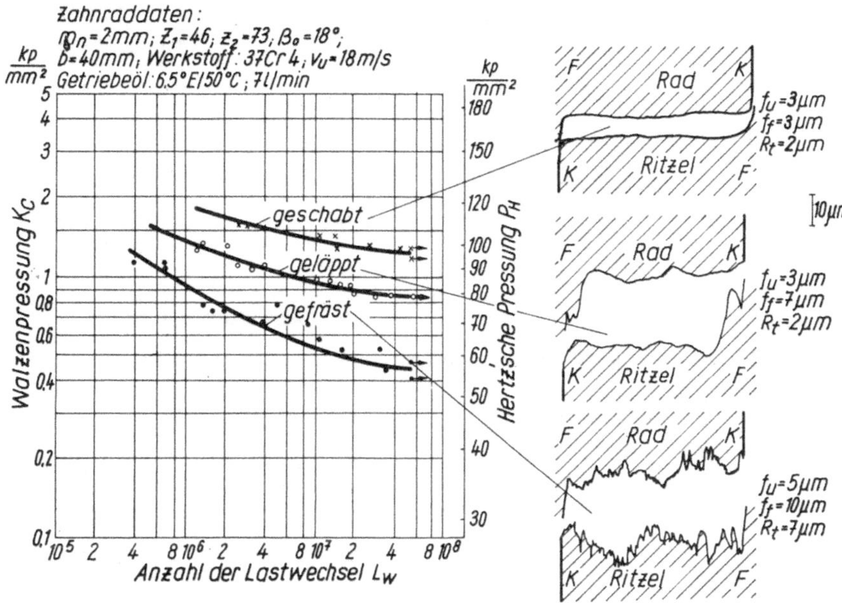

Abb. 1 Flankentragfähigkeit geschabter, geläppter und gefräster Stirnräder

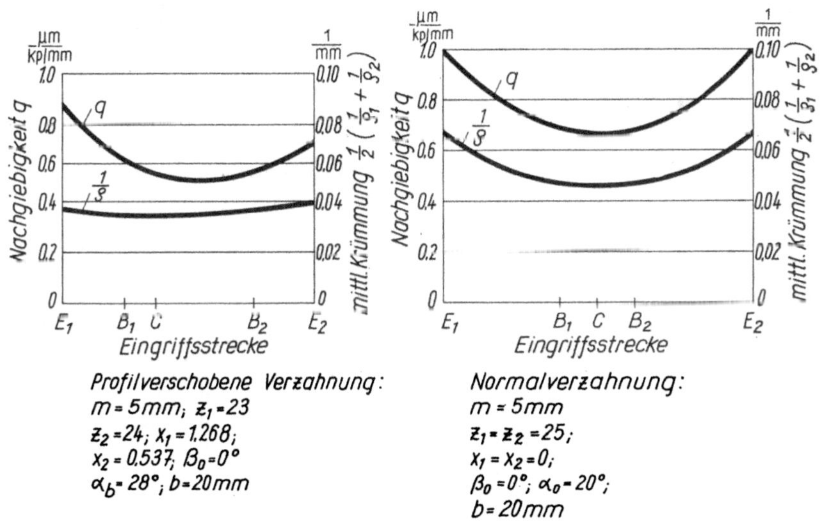

Abb. 2 Verlauf von Nachgiebigkeit und mittlerer Krümmung über der Eingriffsstrecke

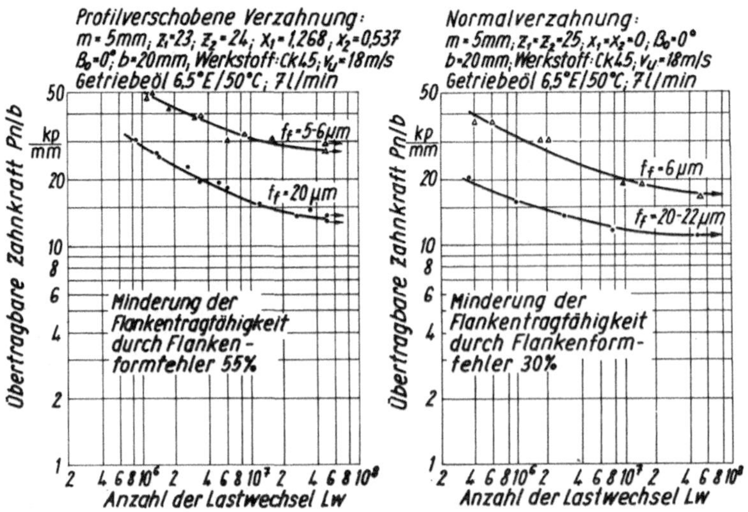

Abb. 3 Flankentragfähigkeit profilverschobener und normalverzahnter Stirnräder

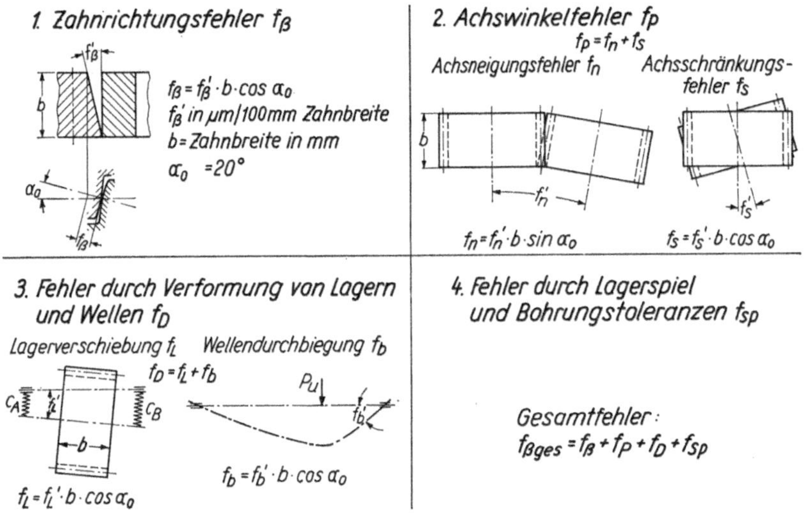

Abb. 4 Einflußgrößen auf die Lastverteilung in Flankenrichtung

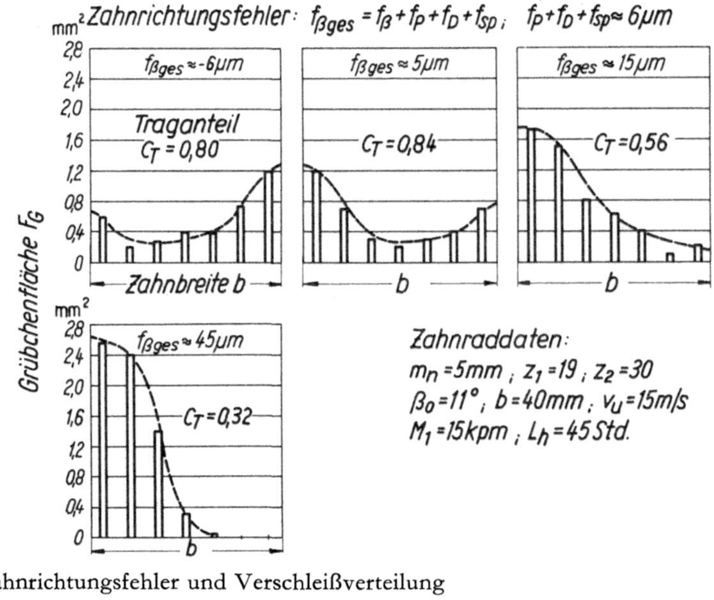

Abb. 5 Zahnrichtungsfehler und Verschleißverteilung

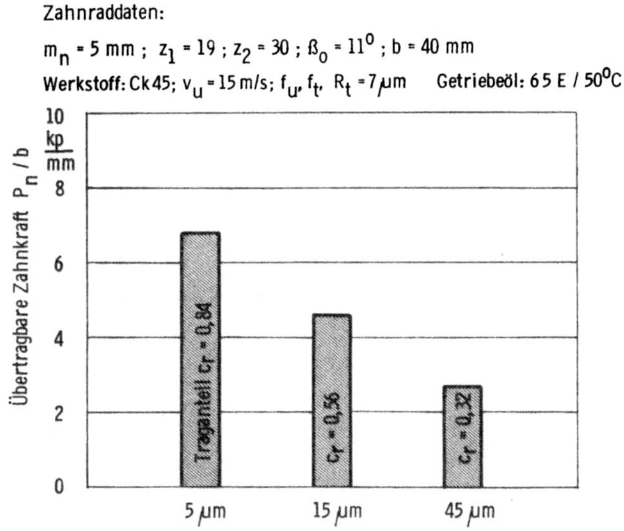

Abb. 6 Zahnrichtungsfehler und Flankentragfähigkeit

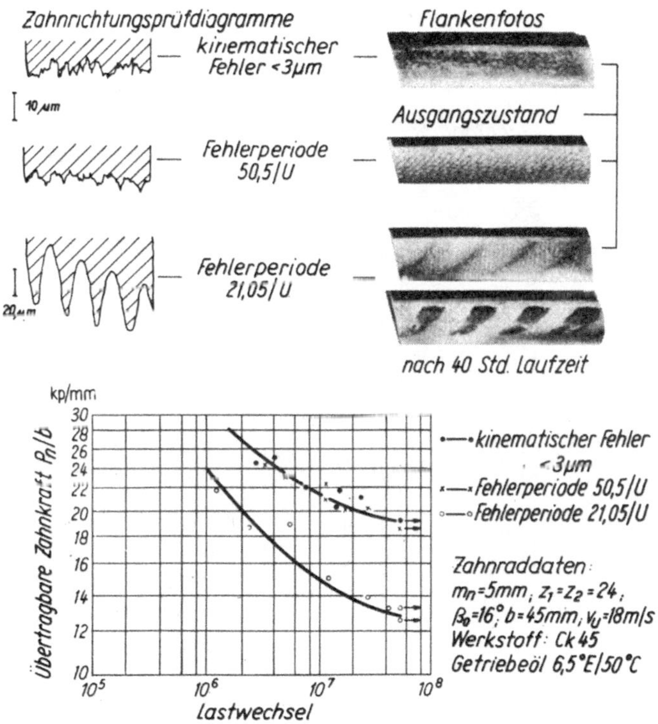

Abb. 7 Einfluß von kinematischen Fehlern auf die Flankentragfähigkeit

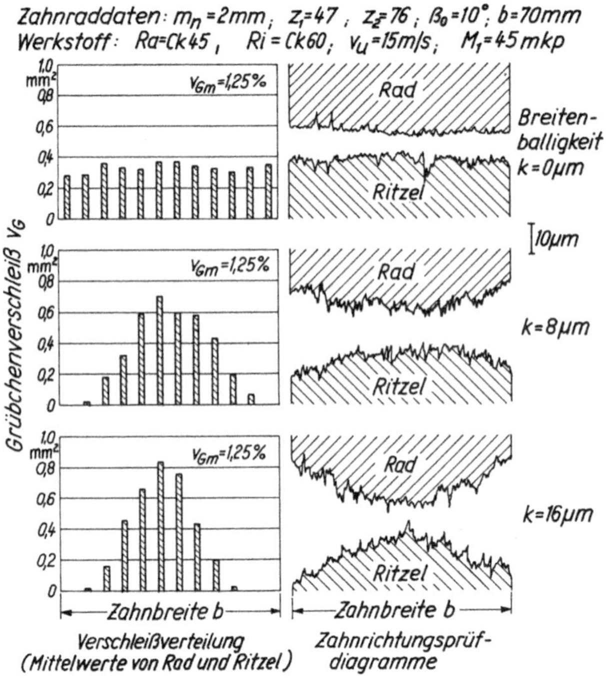

Abb. 8 Breitenballigkeit und Verschleißverteilung

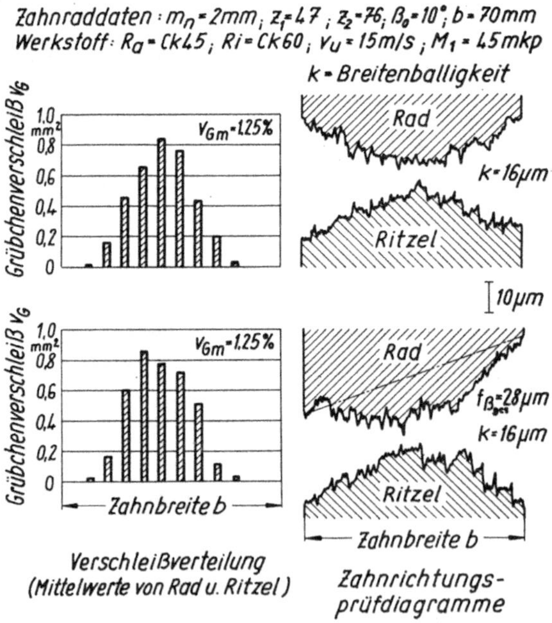

Abb. 9 Breitenballigkeit, Zahnrichtungsfehler und Verschleißverteilung

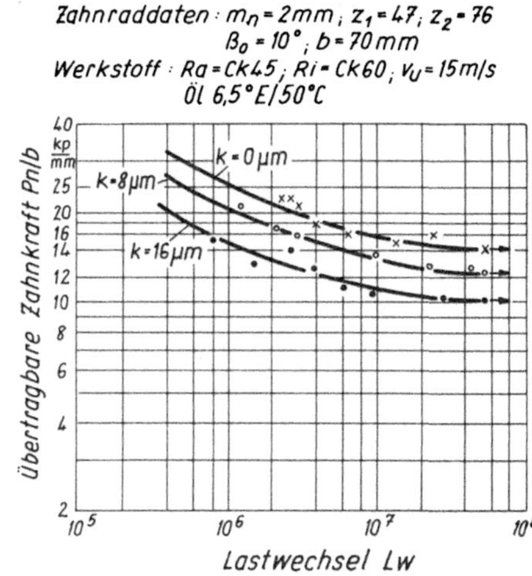

Abb. 10 Breitenballigkeit und Flankentragfähigkeit (Werkstoff Ck 45)

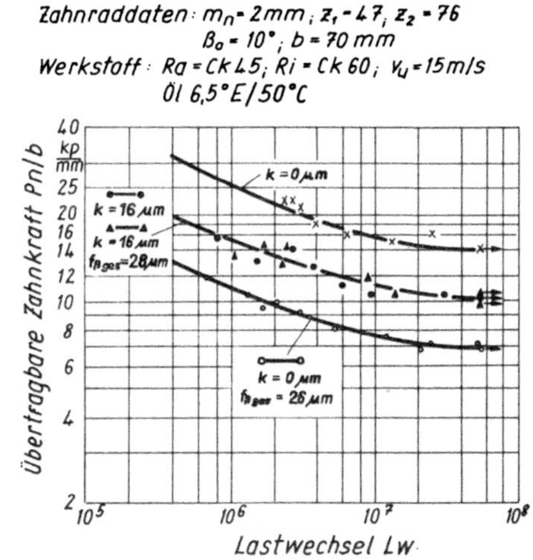

Abb. 11 Breitenballigkeit, Zahnrichtungsfehler und Flankentragfähigkeit (Werkstoff Ck 45)

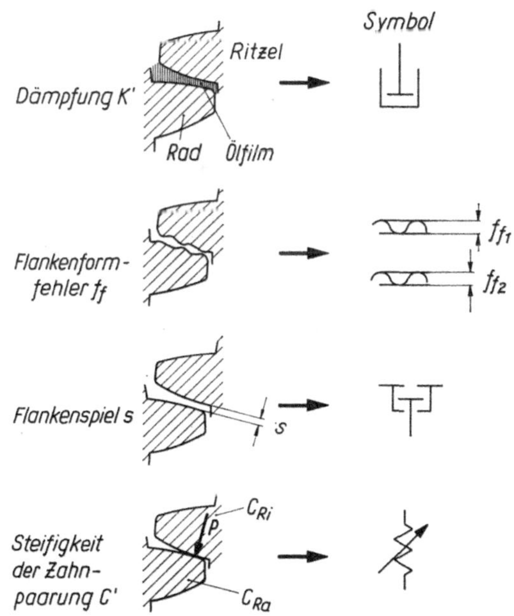

Abb. 12 Einflußgrößen auf die dynamische Zahnkraft

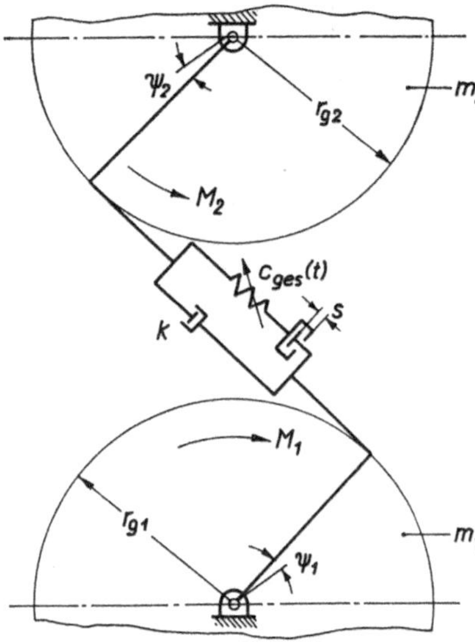

Abb. 13 Dynamisches Modell für ein Zahnradpaar

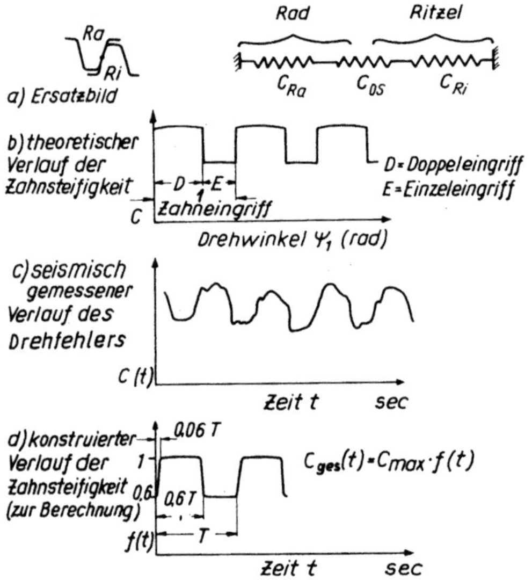

Abb. 14 Verlauf der Zahnsteifigkeit in Eingriffsrichtung

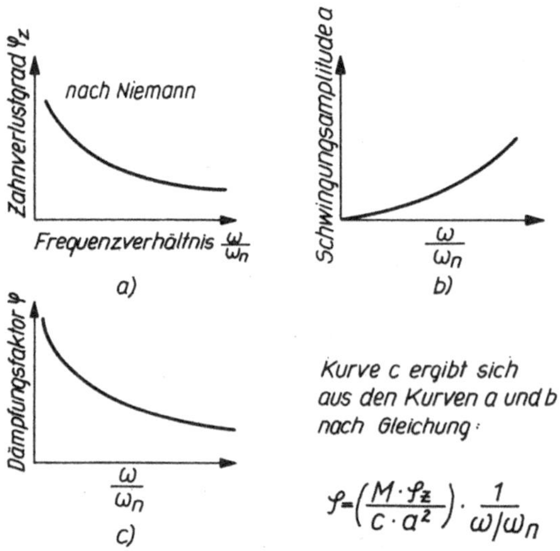

$$\varphi = \left(\frac{M \cdot \varphi_z}{c \cdot a^2}\right) \cdot \frac{1}{\omega/\omega_n}$$

Abb. 15 Ermittlung des Dämpfungsverhaltens

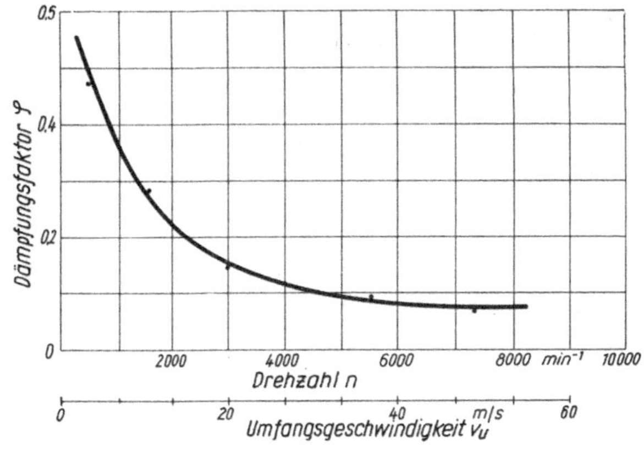

Abb. 16 Umfangsgeschwindigkeit und Dämpfungsfaktor

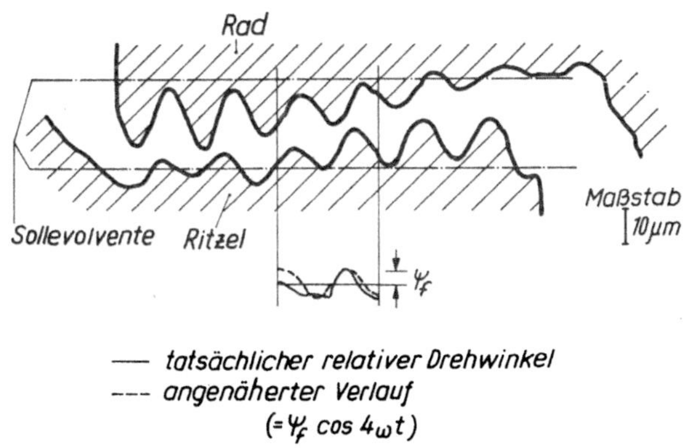

Abb. 17 Flankenformfehler und relativer Drehwinkel

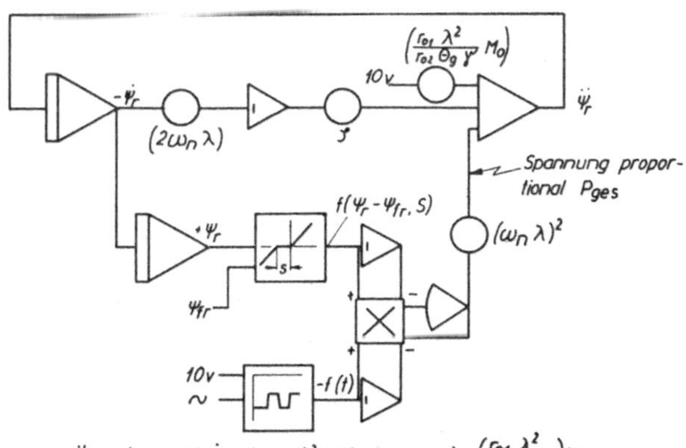

$$\ddot{\Psi}_r = -(2\vartheta\omega_n\lambda)\dot{\Psi}_r - (\omega_n\lambda)^2 f(t)\cdot f(\Psi_r - \Psi_{fr}, s) + \left(\frac{r_{01}\lambda^2}{r_{02}\Theta_g\gamma}\right)M_0$$

Abb. 18 Schaltplan des Analogrechners

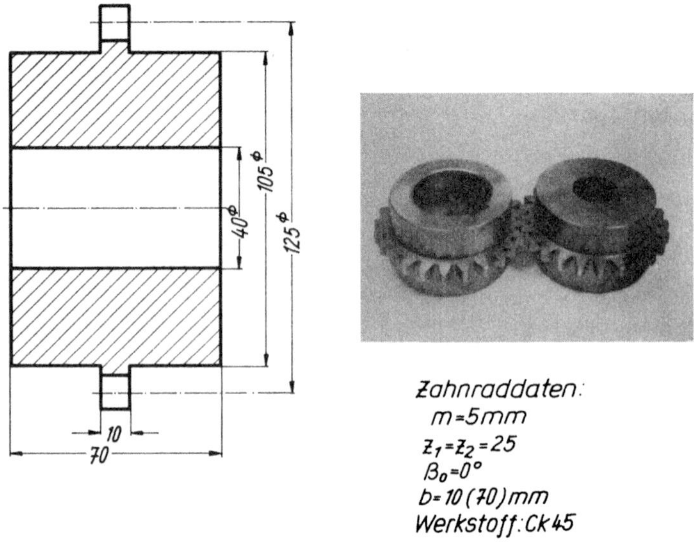

Abb. 19 Abmessungen der Versuchsräder

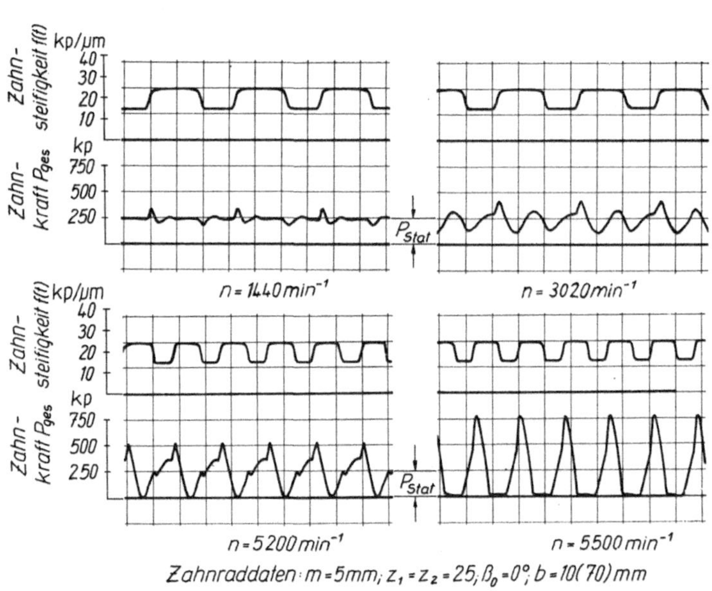

Abb. 20 Berechneter Verlauf der dynamischen Belastung (Versuchsräder ohne Flankenformfehler)

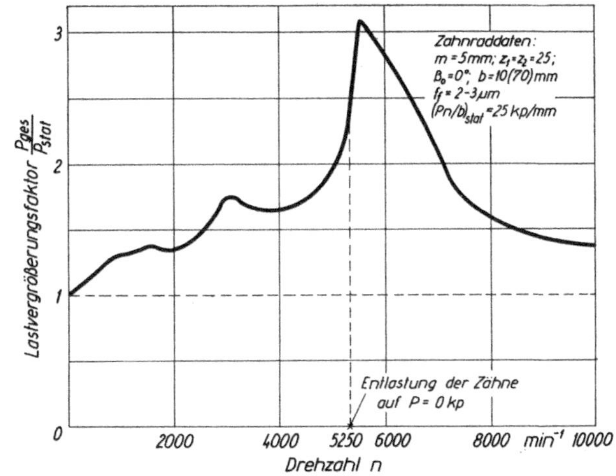

Abb. 21 Einfluß der Drehzahl auf die dynamische Belastung (Rechnerergebnisse)

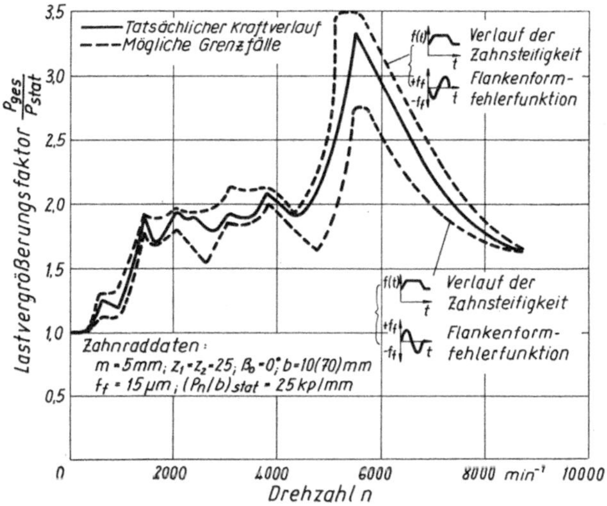

Abb. 22 Einfluß von Flankenformfehlern auf die dynamische Belastung (Rechnerergebnisse)

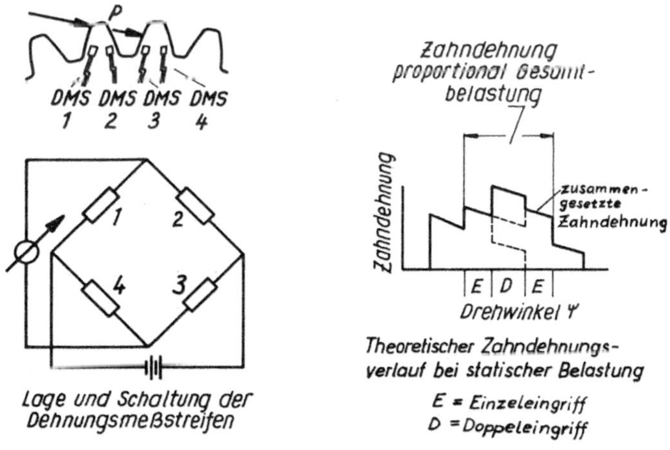

Abb. 23 Meßeinrichtung und theoretischer Zahndehnungsverlauf

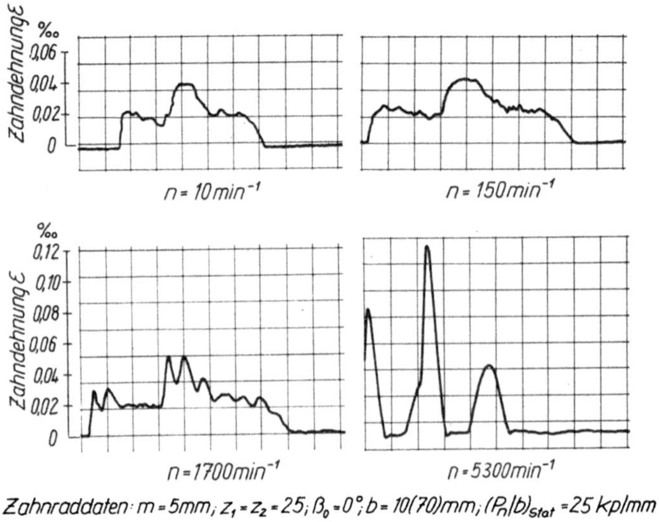

Abb. 24 Gemessener Verlauf der dynamischen Belastung (Versuchsräder ohne Flankenformfehler)

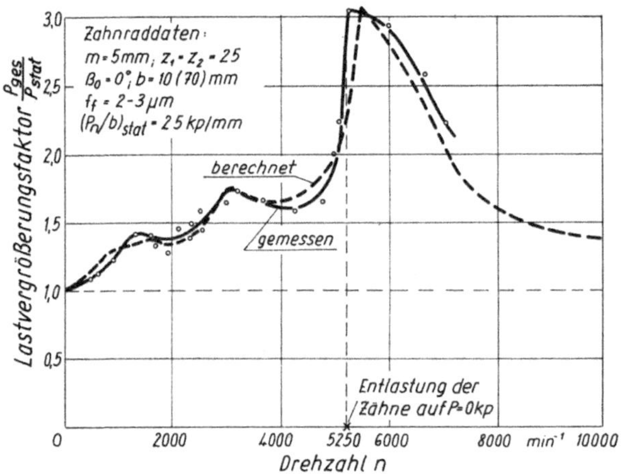

Abb. 25 Gemessene und berechnete dynamische Belastung (Versuchsräder ohne Flankenformfehler)

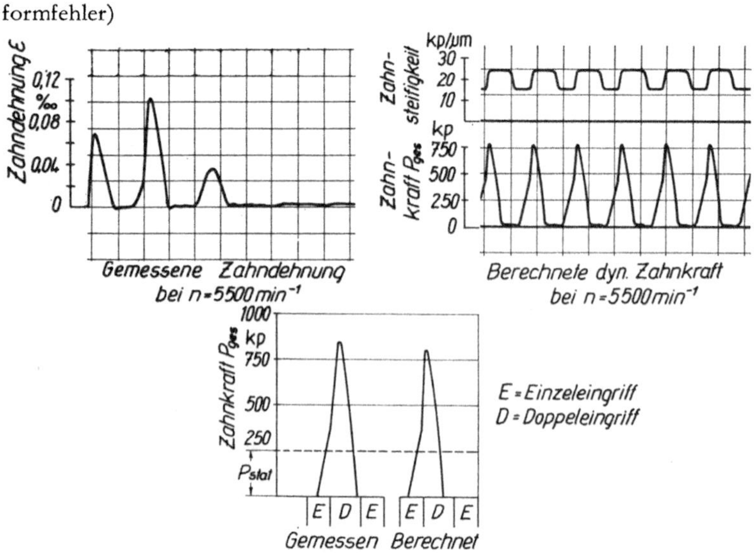

Abb. 26 Vergleich der gemessenen und berechneten dynamischen Belastung bei $n = 5500\ \mathrm{min}^{-1}$

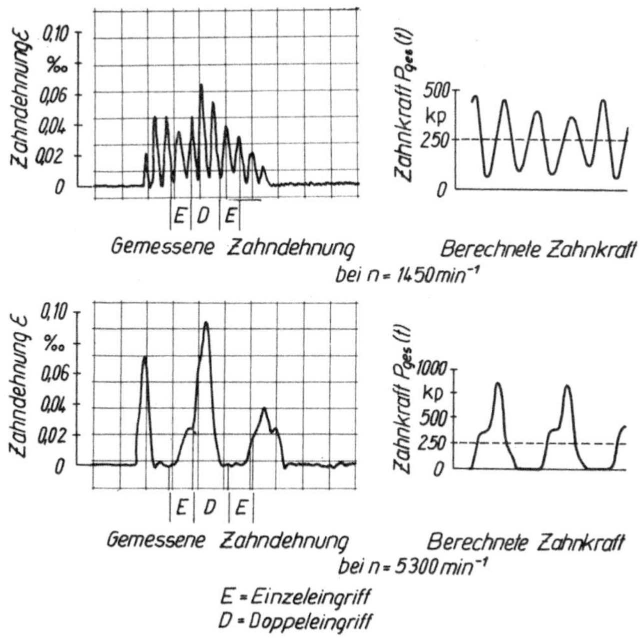

Abb. 27 Gemessene und berechnete dynamische Belastung an Versuchsrädern mit Flankenformfehlern

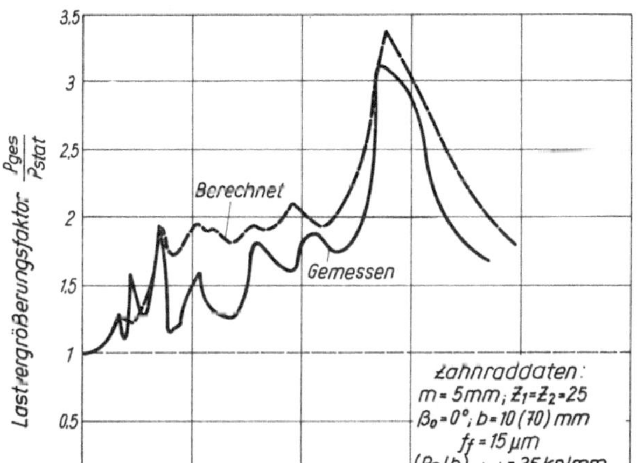

Abb. 28 Gemessene und berechnete dynamische Belastung (Versuchsräder mit Flankenformfehlern)

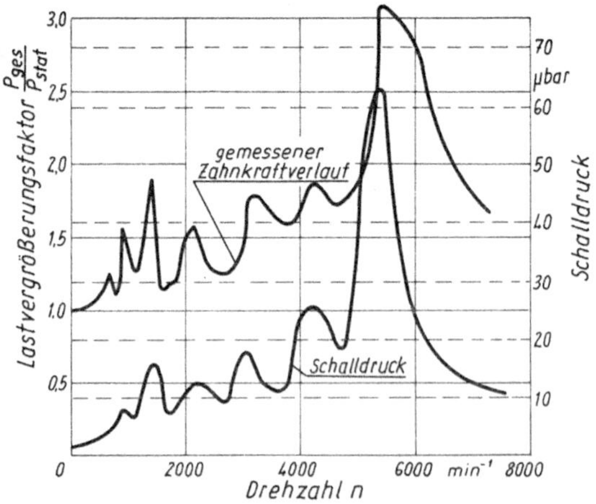

Abb. 29 Vergleich zwischen Schalldruck und dynamischer Belastung

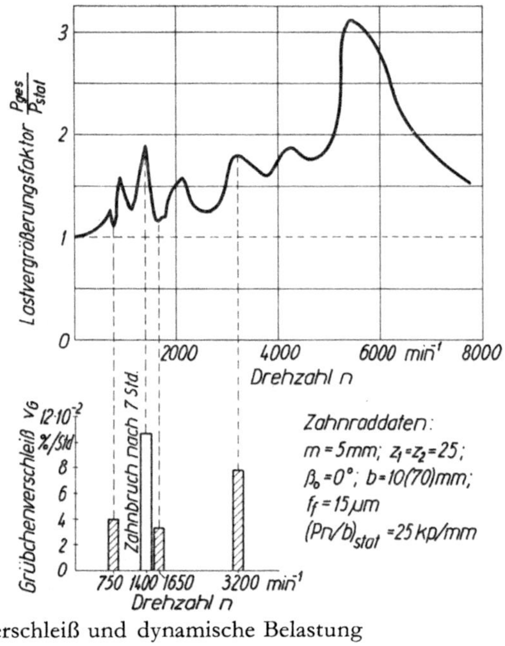

Abb. 30 Grübchenverschleiß und dynamische Belastung

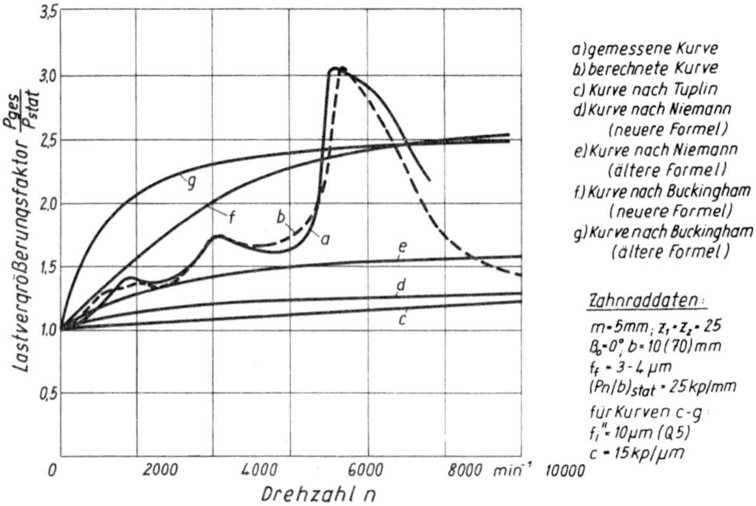

Abb. 31 Vergleich verschiedener Berechnungsmethoden für die dynamische Belastung

GPSR Compliance

The European Union's (EU) General Product Safety Regulation (GPSR) is a set of rules that requires consumer products to be safe and our obligations to ensure this.

If you have any concerns about our products, you can contact us on ProductSafety@springernature.com

In case Publisher is established outside the EU, the EU authorized representative is:

Springer Nature Customer Service Center GmbH
Europaplatz 3
69115 Heidelberg, Germany

Batch number: 10584556

Printed by Printforce, the Netherlands